i blu pagine di scienza

T0131508

Marco Abate
(a cura di)

Perché Nobel?

 Springer

MARCO ABATE
Dipartimento di Matematica
Università degli Studi di Pisa

ISBN 978-88-470-0810-6   ISBN 978-88-470-0811-3(eBook)
DOI 10.1007/978-88-470-0811-3

Springer fa parte di Springer Science+Business Media
springer.com

Collana ideata e curata da: Marina Forlizzi

Redazione: Barbara Amorese
Impaginazione: le-tex publishing services oHG, Leipzig
Copertina: progetto grafico di Simona Colombo, Milano
Immagine di copertina: Doug Armand/**getty**images®
Stampa: Grafiche Porpora, Segrate, Milano

Springer-Verlag Italia S.r.l., via Decembrio 28, I-20137 Milano

Prefazione

Alfred Nobel (chimico e scienziato svedese, nato nel 1833, morto nel 1896 a Sanremo, in Italia, famoso fra le altre cose per l'invenzione della dinamite) nel suo testamento, completato nel 1895, scrisse:

> il [resto del] capitale [...] costituirà un fondo i cui interessi saranno distribuiti annualmente sotto forma di premi a coloro che, durante l'anno precedente, avranno apportato i maggiori benifici all'umanità. Detti interessi saranno suddivisi in cinque parti uguali, da attribuire come segue: una parte alla persona che avrà fatto la scoperta o invenzione più importante nel campo della fisica; una parte alla persona che avrà fatto la più importante scoperta o miglioramento nel campo della chimica; una parte alla persona che avrà fatto la scoperta più importante nel campo della fisiologia o della medicina; una parte alla persona che avrà prodotto nel campo della letteratura il lavoro più eccezionale in una direzione ideale; e una parte alla persona che avrà fatto il migliore o più grande lavoro per la fraternità tra nazioni, l'abolizione degli eserciti stabili e per l'organizzazione e la promozione di congressi per la pace. [...] È mio esplicito desiderio che nell'assegnazione dei premi nessuna considerazione sia data alla nazionalità dei candidati, ma che sia il più meritevole a ricevere il premio, sia egli scandinavo o meno.

Il compito di assegnare questi premi fu affidato (da Nobel stesso) a istituzioni diverse: l'Accademia Svedese delle Scienze si occupa dei premi per la fisica e la chimica; l'Istituto Karolinska di Stoccolma del premio per la medicina e la fisiologia; l'Accademia delle Lettere di Stoccolma del premio per la letteratura; e un comitato di cinque persone elette dal Parlamento Norvegese si occupa del premio per la pace.

I primi Premi Nobel furono assegnati nel 1901, a Wilhelm Conrad Röntgen (fisica), Jacobus Henricus van 't Hoff (chimica), Emil

Adolf von Behring (medicina), Sully Prudhomme (letteratura) e Jean Henry Dunant e Frédéric Passy (pace).

Inoltre, per celebrare il proprio tricentenario, nel 1968 la Banca di Svezia ha istituito il premio per le Scienze Economiche in memoria di Alfred Nobel (ora noto come Premio Nobel per l'economia), assegnandolo la prima volta nel 1969 a Ragnar Frisch e Jan Tinbergen.

La nascita dei Premi Nobel non fu priva di polemiche, sia di carattere generale (l'esplicita apertura a personalità non scandinave fu molto contestata) che sulle scelte specifiche (perché assegnare il primo Premio Nobel per la letteratura a Prudhomme quando fra i candidati c'era Tolstoy?). Ma negli anni la qualità e la continuità delle scelte effettuate hanno rimosso molti di questi dubbi, e ormai è universalmente riconosciuto che il Premio Nobel è la principale onorificenza mondiale nei campi della fisica, chimica, medicina, letteratura, economia e pace.

Nonostante ciò, è molto meno noto (tranne agli esperti del campo) chi abbia vinto il Premio Nobel e, soprattutto, cosa abbia fatto di così importante da meritarsi l'ambito premio. I mezzi d'informazione si occupano della notizia per tempi e spazi brevissimi, limitandosi spesso (soprattutto per i premi scientifici) al semplice annuncio del nome dei vincitori, senza nessun tentativo di approfondimento. Eppure, vista l'importanza del premio, dovrebbe essere non solo possibile, ma anche doveroso spiegare a un pubblico di non specialisti le motivazioni dell'assegnazione; stiamo parlando dei risultati più significativi a livello mondiale in alcuni dei settori scientifici e sociali più importanti, e non di oscuri argomenti di nicchia di nessun interesse.

Per colmare questa evidente lacuna, quattro anni fa ho iniziato a organizzare, per conto dell'Università di Pisa e col patrocinio del Comune e della Provincia di Pisa, l'iniziativa "Perché Nobel?": una serie di incontri per spiegare in maniera comprensibile a un pubblico di non specialisti l'opera dei vincitori dei Premi Nobel dell'anno precedente. Si è trattato di una scommessa: trovare ogni anno persone in grado di comunicare a un vasto pubblico in modo chiaro argomenti non elementari.

L'iniziativa ha riscosso un lusinghiero successo, diventando un appuntamento fisso della primavera (accademica) pisana. Con però due limiti intrinseci: riesce a raggiungere solo coloro che hanno l'occasione di essere presenti a Pisa nei giorni delle conferenze, e non lascia traccia (tranne nel ricordo dei partecipanti e nelle pagine web di alcuni conferenzieri) di quanto fatto.

Con questo libro (il primo di una serie, se tutto va bene) vogliamo superare questi limiti, raggiungendo un pubblico non solo locale e intraprendendo un'opera di divulgazione che speriamo possa restare nel tempo. In queste pagine sono presenti, in maniera speriamo comprensibile, i risultati dei vincitori dei Premi Nobel del 2007[1], e una veloce scorsa degli argomenti è sufficiente a confermare l'importanza di questo premio. Parleremo di cellule staminali (per il Premio Nobel in medicina); di riscaldamento globale (per il Premio Nobel per la pace); di sistemi elettorali (per il Premio Nobel per l'economia); della condizione femminile (per il Premio Nobel in letteratura); di marmitte catalitiche (per il Premio Nobel per la chimica); e di *hard disk* di ultima generazione (per il Premio Nobel per la fisica).

Una veloce scorsa degli argomenti mostra anche che non parleremo solo di Premi Nobel. Infatti, i campi scelti da Nobel non coprono tutte le principali discipline scientifiche. Un'assenza particolarmente evidente è quella della matematica; ma si tratta di un'assenza recentemente colmata. Infatti, nel 2002 è stato creato il Premio Abel, attribuito annualmente dalla Accademia delle Scienze e delle Lettere Norevegese con criteri e scopi molto simili a quelli del Premio Nobel. Niels Henrik Abel (nato nel 1802 e morto nel 1829 a soli 27 anni) è uno dei matematici norvegesi più noti; la costituzione di un Premio Abel parallelo (anche nel nome...) ai Premi Nobel fu proposta per la prima volta alla fine del diciannovesimo secolo dal matematico norvegese Sophus Lie, ma la sua morte impedì il completamento del progetto. Solo un secolo più tardi, nel duecentenario della nascita di Abel, è stato istituito questo riconoscimento, assegnato per la prima volta nel 2003 a Jean-Pierre Serre. Pur se di creazione recente, la qualità dei vincitori di questi anni conferma come il Premio Abel si possa affiancare a pieno titolo ai Premi Nobel classici; e la presentazione del Premio Abel 2007 ci permetterà di parlare della probabilità che le cose non vadano come dovrebbero andare.

---

[1] Non del 2008, perché per fare un lavoro ben fatto occorre tempo; gli *instant book* sacrificano spesso l'accuratezza alla tempestività, mentre noi riteniamo cruciale la qualità dell'informazione.

Altre discipline non coperte dai Premi Nobel classici sono quelle collegate all'ingegneria e alle Scienze applicate. Premi significativi in questi campi non mancano; e ogni anno ne scegliamo uno che ci permette di parlare di argomenti importanti. Quest'anno la scelta è caduta sul Premio Turing per l'informatica. Assegnato ogni anno dall'*Association for Computing Machinery* americana a partire dal 1966 (quando fu vinto da Alan J. Perlis), è spesso citato come il "Premio Nobel" dell'informatica. Il Premio Turing 2006 (attribuito nel 2007) è stato per la prima volta nella storia assegnato a una donna, Frances E. Allen; e vedremo come i suoi lavori pioneristici nel campo potrebbero essere essenziali per progettare i computer del futuro.

La ricerca degli autori adatti per ciascun premio non è un lavoro che possa essere fatto da un uomo solo; ogni anno ho avuto il piacere e il privilegio di essere affiancato da valenti e volonterosi colleghi che mi hanno suggerito le persone giuste. Quest'anno è con particolare piacere che ringrazio Marilù Chiofalo, Roberta Ferrari, Giuseppe Grosso, Massimiliano Labardi e Ugo Montanari per i preziosi consigli; e Marina Forlizzi e Barbara Amorese della Springer Italia, senza le quali questo libro non sarebbe potuto nascere.

Non mi rimane altro che augurarvi buona lettura, in compagnia dei Premi Nobel (e Abel, e Turing) del 2007.

Marco Abate
Pisa, 20 giugno 2008

Indice

Perché Gerhard Ertl ha vinto il Premio Nobel 2007 per la chimica?

di Guido Pampaloni

Gerhard Ertl

Per inquadrare l'opera di Ertl e i motivi che lo hanno condotto al premio dell'Accademia Svedese delle Scienze occorre partire dal lontano 29 luglio 1823, quando l'allora Professore di chimica dell'Università di Jena, Johann Wolfgang Döbereiner, scriveva a Goethe, Ministro del Granduca Carlo Augusto di Sassonia-Weimar-Eisenach:

> Io mi permetto, Vostra Eccellenza, di darvi notizia di una scoperta che [...] appare sommamente importante. Io trovo [...] che il platino, in forma di polvere nera finemente suddivisa, possiede l'altamente notevole caratteristica di combinare il gas idrogeno con il gas ossigeno per semplice

Fig. 1. Accendino di Döbereiner. *Adattata da G. B. Kauffmann, Plat.
Met. Rev., 43, 122 (1999)*

contatto a fare acqua, in maniera tale che la somma dei
calori fa diventare incandescente il platino [1].

Questa osservazione portò Döbereiner alla costruzione di un accendino (Fig. 1), ossia un recipiente in cui un flusso di idrogeno veniva diretto verso del platino finemente suddiviso da una distanza tale da potersi mescolare con aria: il platino diventava incandescente fino al calor bianco e il flusso di idrogeno si incendiava
spontaneamente.

Quindi già nel 1823 qualcuno si era accorto che la reazione
del gas tonante (*Knallgas reaktion*, equazione 1), che non procede
nelle condizioni ordinarie, diventava molto veloce quando i due
gas si trovavano in presenza di platino finemente suddiviso, e che
l'energia che si sviluppava dalla reazione era in grado di portare
all'incandescenza il platino.

$$2H_2 + O_2 \rightarrow 2H_2O \tag{1}$$

A partire dall'inizio del XIX secolo, vari laboratori descrissero le capacità di sostanze, apparentemente estranee alla reazione studiata, di influenzare la reazione stessa e nel 1834 Eilhardt Mitscherlich riassunse le sue osservazioni con la stampa di *Zersetzung und Verbindung durch Kontact* (Decomposizione e formazione per contatto) [2].

L'anno dopo Jöns Jacob Berzelius, segretario dell'Accademia delle Scienze Svedese, dopo avere esaminato una serie di reazioni del tipo suddetto [3], introdusse il nome di *Katalyse* (Catalisi, dal greco $\kappa\alpha\tau\alpha\lambda\epsilon\iota\nu$ = rompere, sciogliere) per indicare quel fenomeno secondo cui una certa reazione diventava possibile per l'intervento di sostanze che "apparentemente non si consumavano".

Nel 1894, al termine di lunghe discussioni fra i chimici più importanti del periodo (Justus von Liebig, Friedrich Wöhler, Julius Robert Meyer), Friedrich Wilhelm Ostwald (Premio Nobel per la chimica nel 1909) mostrò la connessione fra la catalisi e il nuovo campo della cinetica delle reazioni chimiche e pubblicò la definizione di catalisi che oggi è comunemente accettata: *la catalisi rappresenta l'accelerazione di un processo chimico lento mediante l'intervento di una sostanza estranea* [4].

Termochimica e Cinetica chimica

Se si tiene conto che tutte le reazioni chimiche coinvolgono formazione o rottura di legami fra atomi o molecole, non deve stupire il fatto che quasi tutte le reazioni avvengono con sviluppo o assorbimento di calore. Le reazioni cosiddette di combustione (ossia le reazioni con ossigeno molecolare quale quella riportata nell'equazione 2) sono tipiche reazioni che avvengono con sviluppo di calore (*reazioni esotermiche*); al contrario, reazioni quali quelle in cui si ha rottura di un legame chimico, avvengono con assorbimento di calore (*reazioni endotermiche*).

C'è però un fatto molto importante: se è vero che la conoscenza della quantità di calore sviluppata o assorbita in un certo processo chimico o, più in generale, in qualsiasi trasformazione della materia, ci può dare informazioni sulla possibilità che il processo avvenga o non avvenga, questa componente termodinamica di un processo non è la sola da considerare. In definitiva, *essa rappresenta la condizione necessaria, ma non sufficiente*, per stabilire se quel dato processo avverrà o meno nel senso indicato dalla corrispondente equazione. Infatti la termodinamica, pur essendo capace di prevedere quale sia lo stato finale stabile di un processo, non è in grado di fornire alcuna indicazione sulla *velocità* con cui il sistema in esame evolve dallo stato iniziale a quello finale. Per esempio, le reazioni riportate nelle equazioni 1–3 non hanno alcun ostacolo dal punto di vista termodinamico, ma tutti sanno che il fornello della stufa non si accende semplicemente aprendo il rubinetto del gas e che non è poi così banale accendere il carbone (equazione 3) per fare una bella grigliata! Allo stesso modo, Döbereiner si era accorto che solo in presenza di polvere di platino l'idrogeno reagiva velocemente con l'ossigeno (equazione 1).

$$CH_4 + 2O_2 \rightarrow CO_2 + 2H_2O \tag{2}$$

metano   anidride
carbonica

$$C + O_2 \rightarrow CO_2 . \tag{3}$$

Tutto ciò succede perché le reazioni descritte dalle equazioni 1–3 a temperatura ambiente sono *lente*, così lente che a 25 °C non procedono affatto. Solo quando si interviene dall'esterno con un "qualcosa" che può essere un fiammifero, una scintilla o... della polvere di platino, allora la reazione diventa veloce. Dato che quelle reazioni citate sono reazioni che sviluppano molto calore, una volta partite si autosostengono, ossia procedono senza che sia più necessario un intervento esterno (quando il gas è acceso, si può spegnere il fiammifero).

Il mondo delle reazioni chimiche è quindi governato da un parametro termodinamico, che ci dice se la reazione evolverà trasformando i reagenti in prodotti, e da un parametro cinetico che invece ci dice se la conversione da reagenti a prodotti avverrà in modo lento o veloce.

Eccoci quindi a parlare di velocità di reazione e dei parametri che la governano. È accertato ormai che una reazione chimica procede mediante una serie di processi elementari che:

a) causano la rottura o la formazione di legami fra le singole particelle (atomi, molecole, ioni) quando queste giungono in contatto fra loro;

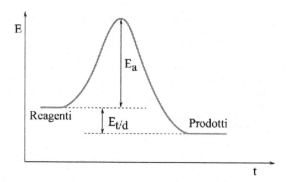

Fig. 2. Parametro cinetico (E_a) e termodinamico ($E_{t/d}$) di una reazione

b) possono compiersi solo se il sistema reagente ha a disposizione una certa quantità di energia detta *Energia di Attivazione*.

Tutto ciò può essere espresso graficamente mediante la Fig. 2 in cui si mostra la variazione dell'energia del sistema durante la reazione. Come si può vedere, per poter passare da reagenti (*R*) a prodotti (*P*), i reagenti devono avere una energia E_a che rappresenta appunto l'energia di attivazione della reazione $R \rightarrow P$. Quindi nella Fig. 2, E_a rappresenta il parametro cinetico della reazione mentre $E_{t/d}$ rappresenta la differenza dell'energia fra reagenti e prodotti ossia il parametro termodinamico.

Da quanto è stato presentato fino a ora si può dedurre che per rendere più veloce una reazione basti aumentare la temperatura di reazione. Purtroppo questo non è possibile, dato che per tutte le reazioni esistono delle temperature limite al di sopra delle quali non si può salire, sia per ragioni termodinamiche che per motivi di stabilità termica dei reagenti e/o dei prodotti.

Ecco allora che compare sulla scena il catalizzatore che, come affermò Ostwald nel 1901 è "ogni sostanza che, senza comparire nella composizione di una reazione chimica, cambia la velocità di reazione" [5]. Se si fa riferimento alla Fig. 3, si vede che l'effetto del catalizzatore è quello di indirizzare la reazione verso un cammino diverso dal precedente *caratterizzato da una energia di attivazione più bassa*. Se così è, a parità di temperatura e nell'unità di tempo, sarà maggiore la quantità di molecole di reagente che hanno energia sufficiente a superare la barriera energetica, e quindi osserveremo un aumento della velocità di reazione. Si noti anche che, dal

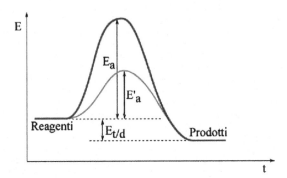

Fig. 3. Confronto delle energie di attivazione di una reazione non catalizzata (E_a) e una catalizzata (E'_a)

momento che le energie dello stato iniziale (Reagenti) e di quello finale (Prodotti) non cambiano, il parametro termodinamico della reazione non cambia.

Processi chimici sulle superfici

La più classica immagine di un chimico è quella di una persona che tiene in mano una provetta in cui vengono aggiunte sostanze che producono soluzioni variamente colorate dalle quali possono essere isolati nuovi prodotti . Ora, se è vero che la sintesi di nuovi prodotti spesso viene condotta mediante reazioni che avvengono in soluzione, occorre tenere presente che molto spesso sono usati processi che non avvengono in fase omogenea (soluzione), ma piuttosto in fase eterogenea ossia con i reagenti presenti in fasi diverse.

Una specifica branca della chimica riguarda infatti le reazioni che avvengono su superfici solide. Il processo con cui avvengono queste reazioni è spesso complicato anche se può essere semplificato e riassunto come segue.

Quando una molecola in fase gassosa A_2 arriva in contatto con una superficie solida possono avvenire varie cose: la molecola può semplicemente urtare la superficie e schizzare via (Fig. 4.1) oppure può interagire con la superficie e restare adsorbita. Questo secondo caso è importante dato che l'interazione di A_2 con la superficie può essere così forte che la molecola si dissocia in 2 atomi A (o due

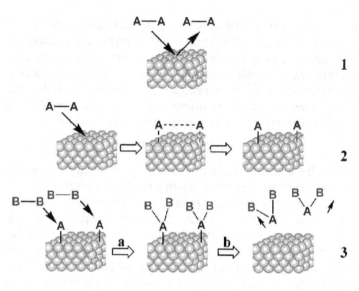

Fig. 4. Possibili interazioni fra molecole e superfici

frammenti se la molecola è composta da più di due atomi) molto più reattivi della molecola iniziale (Fig. 4.2).

Vi è poi una terza possibilità che è forse la più interessante per le applicazioni pratiche. Può accadere infatti che una seconda molecola B_2 interagisca con le specie già adsorbite [$A_{(ads)}$] dando origine a una reazione chimica sulla superficie [$A_{(ads)} + B_{2(gas)} \rightarrow AB_{2(ads)}$, Fig. 4.3.a]. La nuova molecola così ottenuta, AB_2, può passare in fase gassosa (Fig. 4.3.b) liberando due siti reattivi e rendendo la superficie pronta per adsorbire nuove molecole. Se il processo $A_2 + 2B_2 \rightarrow 2AB_2$ è lento e le reazioni descritte nelle Fig. 4.2 e 4.3 lo rendono veloce allora, secondo quanto detto in precedenza, la superficie si è comportata da catalizzatore per la reazione di A_2 con B_2.

Ci sono molte situazioni pratiche in cui i processi **2–3** della Fig. 4 sono punti chiave. Oggi i motori a combustione interna possiedono dei sistemi catalitici che convertono ossido di carbonio (CO) in anidride carbonica (CO_2) e riducono le emissioni di ossidi di azoto. I danni collegati alla corrosione dei metalli, una reazione chimica che avviene sulle superfici metalliche esposte all'ossigeno e all'umidità, possono essere limitati con una conoscenza dettagliata dei fenomeni che avvengono su tali superfici. Infine, non bisogna dimenticare che l'agricoltura ha beneficiato dei progressi della catalisi eterogenea grazie ai fertilizzanti ricchi di azoto, che diventarono disponibili quando, nel 1909, Fritz Haber stabilì le condizioni in cui azoto molecolare (N_2) e idrogeno molecolare (H_2) si combinavano a dare ammoniaca (NH_3), equazione 4, e Carl Bosch trasferì la reazione su una scala industriale (1913).

$$N_2 + 3H_2 \rightarrow 2NH_3 \qquad (4)$$

Nella Tabella 1, sono riportate alcune reazioni catalitiche eterogenee che avvengono in processi industriali "fondamentali". A conferma di tutto ciò sta il fatto che gli studi dei processi chimici che avvengono su una superficie hanno un passato ricco di riconoscimenti. Nel 1912, Paul Sabatier ricevette il Premio Nobel (condiviso con Victor Grignard) "per il suo metodo di idrogenazione dei composti organici in presenza di metalli finemente suddivisi, cosicché la chimica organica ha molto progredito negli anni recenti". Anni dopo ci si accorse che l'evento molecolare cruciale di tali reazioni era l'adsorbimento di molecole di idrogeno su una superficie metallica seguita dalla sua dissociazione. La catalisi eterogenea è anche alla base del Premio Nobel assegnato nel 1918 a Fritz Haber "per la sintesi dell'ammoniaca dagli elementi"; e nel 1932 a Irving Langmuir "per le sue scoperte e gli studi sulla chimica delle superfici". Langmuir dette infatti una serie di fondamentali contributi associati alla catalisi eterogenea e ai processi che si svolgono all'interfaccia aria-acqua.

Dopo il 1932, e fino al 2007, non sono stati più assegnati Nobel a studiosi che si sono occupati specificamente di reazioni catalitiche eterogenee. Perché? Probabilmente per due motivi: primo, la difficoltà di ottenimento di superfici di composizione e morfologia rigidamente controllate che dessero risultati riproducibili; secondo, la mancanza, sentita per molto tempo, di tecniche sperimentali capaci di mostrare gli eventi molecolari che avvenivano durante le reazioni sulle superfici. Infatti nella catalisi eterogenea possono essere individuati tre livelli di ricerca. Il *livello macroscopico*, che si identifica con il mondo dell'ingegneria delle reazioni, delle prove dei reattori e dei letti catalitici: in tal caso, quando ci si riferisce al catalizzatore si parla della sua attività per unità di volume, della sua resistenza meccanica, del fatto che esso possa essere usato sotto forma di polvere o di sfere, ecc. La ricerca si può fare

9

Perché Gerhard Ertl ha vinto il Premio Nobel 2007 per la chimica?

Tabella 1. Reazioni catalitiche eterogenee di importanza industriale (Mt = 1 milione di tonnellate)

Reazione	Catalizzatore	Produzione annua	Usi
$(CH_2)_n + nH_2O \rightarrow nCO + 2nH_2$	NiO 700 °C	ca. 10^{11} m^3 (2004)	Sintesi dell'ammoniaca, del metanolo, di idrocarburi.
$CO + 2H_2 \rightarrow CH_3OH$	CrO_x/ZnO 350–450 °C	33 Mt (2000)	Fonte di energia, solvente, intermedio per la sintesi di resine, materie plastiche, fibre tessili.
$N_2 + 3H_2 \rightarrow 2NH_3$	Fe/Al_2O_3 400 °C	110 Mt (2004)	Sintesi di acido nitrico, urea nitrato di ammonio, solfato di ammonio, esplosivi. Produzione di nylon, poliammidi, rayon, poliuretani, soda Solvay (carbonato di sodio), acido cianidrico, idrazina (propellente per razzi), sodio azide (airbag), detergenti domestici.
$NH_3 + 2O_2 \rightarrow HNO_3 + H_2O$	Pt/Rh 850 °C	70 Mt (2002)	Preparazione di fertilizzanti, esplosivi materie plastiche (nylon).

a *livello mesoscopico*, ossia facendo studi cinetici e cercando di capire la relazione composizione/struttura del catalizzatore e la sua attività catalitica. Il terzo livello di ricerca, il *livello microscopico*, è quello degli studi fondamentali in cui si cerca di capire il dettaglio del processo di assorbimento dei reagenti sulla superficie e il meccanismo di reazione: in questo caso, il fine ultimo della caratterizzazione di un catalizzatore è l'osservazione della superficie *atomo per atomo in condizioni di reazione*.

La trasformazione risolutiva che permise di accedere al terzo livello di ricerca suddetto avvenne negli anni '40 del secolo scorso, con lo sviluppo degli studi sui semiconduttori che portarono alla costruzione del primo transistor nel 1947. Da quel momento in poi diventò possibile la preparazione e il controllo delle superfici sotto condizioni di alto vuoto (superfici "pulite"), condizioni sviluppate appunto durante gli studi sui semiconduttori. Inoltre furono sviluppati vari metodi analitici per lo studio delle superfici a livello atomico, dando così origine a quella che oggi è nota come *surface science*, la scienza delle superfici.

Fu così che, alla fine degli anni '60, vari scienziati (esperti di fisica degli stati condensati, chimica e ingegneria chimica) cominciarono a studiare le superfici a livello atomico: in altre parole, non si accontentarono di sapere se una superficie attiva in un processo catalitico era composta di un certo metallo e di un promotore (ferro e potassio, per esempio), ma mirarono alla determinazione dell'esatta posizione dei singoli atomi sulla superficie. Gerhard Ertl era fra questi.

I primi studi di Ertl riguardarono le interazioni dell'idrogeno con superfici metalliche, dato che fin dai lavori di Sabatier ci si chiedeva come l'idrogeno si organizzasse su metalli tipo nichel, palladio o platino. La risoluzione di questo problema era infatti importante non solo per capire come funziona a livello atomico e molecolare la reazione di molecole organiche con idrogeno su metalli, ma anche per uno scopo pratico, dato che, nella produzione per elettrolisi dell'acqua o nelle celle a combustibile, l'idrogeno si forma o reagisce a elettrodi metallici (leghe di platino per esempio). Dalla combinazione di studi di diffrazione elettronica e misure di assorbimento di gas su monocristalli di platino, Ertl e i suoi collaboratori hanno potuto mostrare come il gas si adsorbe sulla superficie metallica formando proprio dei monostrati di atomi di idrogeno (Fig. 5). In tal modo, Ertl ha contribuito alla comprensio-

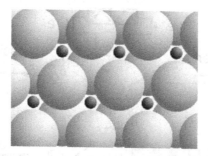

Fig. 5. Modo in cui gli atomi di idrogeno (sfere piccole) si dispongono su un monostrato di superficie di platino. *Adattata da J. Badescu et. al., Phys. Rev. B, 68, 205401 (2003)*

ne dei processi che avvengono agli elettrodi delle celle a combustibile (*fuel cells*). Il principio che sta alla base del funzionamento di questi sistemi è lo stesso delle normali pile ricaribili e non, ossia la generazione di una forza elettromotrice per mezzo di una reazione chimica che trasforma le molecole dei reagenti (idrogeno e ossigeno, nel caso di una cella a combustibile classica, Fig. 6) in ioni positivi o negativi e elettroni. Questi ultimi, passando da un circuito esterno, forniscono una corrente elettrica proporzionale alla velocità della reazione chimica tra i reagenti e gli elettrodi. Dato che gli elettrodi delle celle a combustibile sono in genere costituiti da superfici metalliche, ecco l'importanza degli studi di Ertl miranti a chiarire il meccanismo microscopico di interazione fra l'idrogeno e metalli quali nichel, palladio e platino.

Ertl e la caratterizzazione di sistemi catalitici di importanza industriale

Sintesi dell'ammoniaca

Storicamente, il maggior problema legato alla sintesi dell'ammoniaca dagli elementi (equazione 4) è rappresentato dal fatto che i due atomi di azoto sono legati da un legame piuttosto forte e che le elevate temperature necessarie per la sua rottura non favoriscono la reazione 4 per ragioni termodinamiche. Infatti, la formazione di ammoniaca è sfavorita alle alte temperature che sono necessa-

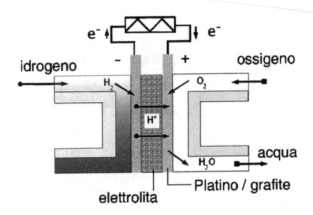

Fig. 6. Schema di una cella a combustibile idrogeno/ossigeno

rie per mantenere una velocità di reazione economicamente adeguata. A tal fine, si usa una elevata pressione del sistema reagente e un catalizzatore a base di ferro, depositato su un supporto di silice e ossido di alluminio.

Studi cinetici avevano mostrato che lo stadio lento della reazione (che poi è quello che determina la velocità di tutto il processo) era l'adsorbimento di N_2 sulla superficie di ferro, ma il meccanismo della reazione non era completamente chiarito. Per esempio, non si sapeva come l'azoto interagiva con la superficie: la molecola rimaneva intatta o si formavano atomi di azoto? Con le attrezzature della *surface science*, Ertl ebbe modo di investigare gli aspetti della reazione su sistemi modello (una superficie "pulita" di monocristalli di ferro) in una camera a vuoto in cui potevano essere introdotte quantità note di gas diversi. Fu così che, usando una varietà di tecniche di analisi, gli fu possibile dimostrare la presenza di atomi di azoto sulla superficie e dedurre un dettagliato modello della struttura della superficie dopo adsorbimento di azoto. Fu anche possibile caratterizzare in dettaglio la cinetica dell'adsorbimento di azoto che può essere schematizzata come in Fig. 7.

Quando le molecole di azoto e di idrogeno entrano in contatto con la superficie si adsorbono come tali (Fig. 7.2). A causa delle nuove interazioni Fe–N_2 e Fe–H_2, i legami N–N e H–H si indeboliscono fino a rompersi e dare quindi una struttura contenente atomi di azoto disposti sulla superficie di atomi di ferro (Fig. 7.3). Il

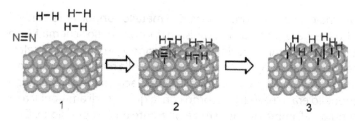

Fig. 7. Schematizzazione dell'adsorbimento della molecola di azoto e idrogeno e rottura dei legami N–N e H–H su una superficie di ferro nella reazione di sintesi dell'ammoniaca secondo il processo Haber-Bosch

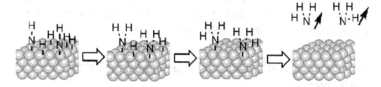

Fig. 8. Schematizzazione della formazione di ammoniaca nel processo Haber-Bosch: formazione sequenziale dei legami N–H

passo successivo è la veloce formazione di legami N–H fino alla formazione di NH_3 che abbandona la superficie che perciò è di nuovo pronta per nuove reazioni. Al meccanismo raffigurato in Fig. 7 si aggiunge quindi quello di Fig. 8, corrispondente alla sequenza di reazioni riportate nello Schema 1.

$$H_{2(g)} \rightleftharpoons H_{2(ads)} \rightleftharpoons 2 H_{(ads)}$$

$$N_{2(g)} \rightleftharpoons N_{2(ads)} \rightleftharpoons 2 N_{(ads)}$$

$$N_{(ads)} + H_{(ads)} \longrightarrow NH_{(ads)}$$

$$NH_{(ads)} + H_{(ads)} \longrightarrow NH_{2(ads)}$$

$$NH_{2(ads)} + H_{(ads)} \longrightarrow NH_{3(ads)}$$

$$NH_{3(ads)} \longrightarrow NH_{3(g)}$$

Schema 1

Da quanto è stato descritto si potrebbe obiettare che le condizioni di reazione usate da Ertl (alto vuoto e superfici di monocristalli di metallo) sono ben diverse da quelle tipiche del processo in-

dustriale (alta pressione e polveri di metallo supportate su ossidi).
Ebbene, basandosi sul meccanismo riportato nello Schema 1 (relativo a condizioni di reazione di laboratorio) e su una serie di calcoli teorici sull'adsorbimento e sulla catalisi della reazione, il gruppo di Ertl dimostrò che la quantità di ammoniaca formatasi secondo il modello era in perfetto accordo con la quantità di ammoniaca ottenuta nell'impianto industriale operante ad alta pressione. Questi studi sono stati quindi fondamentali perché hanno potuto dimostrare che, almeno in questo caso, le condizioni della *surface science* potevano essere di aiuto nell'interpretazione dei dati "industriali". In definitiva, i dati modello ottenuti dalla *surface science* potevano essere usati anche da coloro che se la dovevano vedere con i processi industriali coinvolgenti catalizzatori eterogenei operanti in condizioni completamente diverse.

Ossidazione dell'ossido di carbonio ad anidride carbonica

Un altro sistema studiato in dettaglio da Ertl è stata la reazione dell'ossido di carbonio e ossigeno a dare CO_2 catalizzata da palladio (equazione 5).

$$CO_{(gas)} + \frac{1}{2}O_{2(gas)} \rightarrow CO_{2(gas)} \ . \qquad (5)$$

Questa è una reazione molto importante, poiché l'ossido di carbonio è un gas molto pericoloso (è inodore, incolore e insapore e quindi molto difficile da rivelare) che si forma quando carbonio o idrocarburi vengono bruciati in difetto di ossigeno (equazione 6, si noti il diverso rapporto fra le molecole di O_2 e quelle di CH_4 nelle equazioni 2 e 6).

$$CH_4 + 1,5 \, O_2 \rightarrow CO + 2H_2O \ . \qquad (6)$$

Sebbene si parli (purtroppo) spesso di avvelenamento da CO a causa del malfunzionamento di impianti di riscaldamento domestici, c'è una fonte di inquinamento da CO molto diffusa: il motore a scoppio. In un motore a scoppio la combustione avviene in maniera esplosiva e quindi è troppo rapida per andare a completezza; inoltre, la combustione avviene con aria e non con ossigeno e quindi nella camera di combustione è presente anche azoto molecolare che viene convertito a ossido di azoto NO. A tutto ciò consegue che la trasformazione che avviene realmente in un motore a scoppio non è la 7a, ma piuttosto la 7b, e i gas di scarico contengono idrocarburi incombusti $(CH)_{incomb}$ ossido di carbonio e ossidi di azoto.

$$(CH) + O_2 \xrightarrow{scintilla} CO_2 + H_2O + calore \qquad (7a)$$

$$(CH) + O_2 + N_2 \xrightarrow{scintilla} CO_2 + H_2O + CO + NO_x$$
$$+ (CH)_{incomb} + calore . \qquad (7b)$$

Per eliminare CO, NO_x e idrocarburi incombusti dal gas di scarico di un motore a scoppio è nata la cosiddetta *marmitta catalitica*, un piccolo reattore chimico incorporato nel sistema di scarico del mezzo e posto tra il motore e il silenziatore. Questo reattore contiene una struttura ceramica a nido d'ape (per offrire la massima superficie di reazione ai gas di scarico) su cui sono stati depositati metalli quali platino, palladio, rodio che funzionano da catalizzatori per la reazione di trasformazione di ossido di carbonio e idrocarburi incombusti in anidride carbonica e acqua. Le moderne marmitte catalitiche contengono due tipi di superfici reattive nella stessa struttura: una zona che trasforma CO e idrocarburi incombusti in CO_2 e acqua e una zona in cui gli ossidi di azoto vengono trasformati in azoto molecolare (Fig. 9).

Mediante lo studio della conversione di CO e ossigeno su superfici monocristalline di metalli nobili quali rodio e palladio, Ertl ha messo in evidenza l'esistenza di una competizione fra ossido di carbonio e ossigeno per lo stesso atomo di metallo che costituisce la superficie, fornendo quindi un esempio dell'interazione di specie adsorbite favorita dal substrato. Ulteriori dettagliati stu-

Fig. 9. Schema di marmitta catalitica a tre vie (*three-way catalyst*): nella zona A avviene la trasformazione dei gas di scarico in CO_2 e acqua mentre nella zona B si ha la trasformazione di NO in N_2

di sull'adsorbimento di CO e ossigeno su superfici monocristalline di platino e palladio hanno mostrato che la reazione procede attraverso il meccanismo riportato nello Schema 2, dove ($\ast\,\ast\,\ast$) sta a indicare un sito della superficie libero di adsorbire la specie.

$$CO_{(gas)} + (\ast\,\ast\,\ast) \to CO_{(ads)}$$
$$O_{2(gas)} + 2(\ast\,\ast\,\ast) \to O_{2(ads)} \to 2O_{(ads)}$$
$$CO_{(ads)} + O_{(ads)} \to CO_{2(gas)} + 2(\ast\,\ast\,\ast)$$

Schema 2

La novità introdotta con gli studi di Ertl sta nel fatto che il simbolo ($\ast\,\ast\,\ast$) ha un significato diverso a seconda che si tratti di adsorbimento di CO o di ossigeno. Infatti, il CO assorbito tende a formare strati in cui le molecole sono distribuite in un modo tale che, oltre un certo valore critico, impediscono l'adsorbimento dissociativo dell'ossigeno. D'altra parte, gli atomi di ossigeno adsorbiti formano strutture non compatte che ancora permettono l'assorbimento di CO anche se la superficie è saturata di ossigeno. Come vedremo, questo è fondamentale per l'insorgere della cinetica molto particolare che è stata osservata per la reazione di ossidazione del CO a CO_2 (Fig. 10).

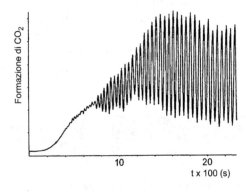

Fig. 10. Cinetica oscillante nella conversione di CO a CO_2 su una superficie di platino. *Adattata da G. Ertl et al.l, Surf. Sci., 177, 90 (1986)*

Reazioni oscillanti

Mediante una serie di studi molto raffinati, Ertl è riuscito a stabilire le cause microscopiche del comportamento oscillante della reazione e, ancora una volta, ha mostrato come la combinazione dei metodi della fisica e della chimica delle superfici può portare alla comprensione di un importante e complesso sistema catalitico. Tecniche ad alta pressione hanno permesso di capire come varia nel tempo la copertura della superficie da parte delle specie reagenti; mediante misure nel campo della radiazione infrarossa sono state ottenute informazioni sulla natura delle interazioni fra superficie e specie adsorbite; inoltre, la diffrazione di raggi X è riuscita a dare informazioni sulla natura della specie catalitica. In tal modo è stato mostrato che una modificazione reversibile della superficie di platino (*surface reconstruction*) a cui si associa una marcata variazione della quantità di ossigeno adsorbita, è responsabile delle oscillazioni delle concentrazioni dei reagenti e dei prodotti osservate.

Ecco come si pensa possa funzionare la reazione: partiamo da una superficie monocristallina largamente ricoperta con CO e immaginiamo che dell'ossigeno si possa comunque adsorbire su di essa (magari grazie a qualche difetto della superficie). In questi siti la molecola di ossigeno velocemente si rompe e gli atomi adsorbiti reagiscono velocemente con CO per dare CO_2 che si allontana in fase gassosa. In questo modo si liberano due siti sulla superficie, che vengono occupati da atomi di ossigeno: la velocità di reazione aumenta. Questo aumento causa una diminuzione del CO adsorbito. A seguito di ciò, a un certo punto la superficie subisce un cambiamento generando una fase in cui l'ossigeno si adsorbe male. Se l'ossigeno si adsorbe male, allora la velocità di reazione diminuisce, la ricopertura di CO "recupera", la superficie si trasforma e quindi il ciclo riparte.

Sempre per quanto riguarda la reazione dell'ossido di carbonio con ossigeno, Ertl ha messo in evidenza e documentato alcuni effetti spettacolari derivanti dal fatto che, in una reazione oscillante in fase eterogenea si ottengono dei domini sulla superficie che fanno sì che le variabili della reazione, per esempio la concentrazione delle specie assorbite, dipendano anche dalle coordinate spaziali. Si vengono così a creare delle variazioni periodiche della morfologia della superficie che possono essere osservate mediante tecniche opportune. Nella Fig. 11 sono riportate alcune immagini delle superfici di platino un condizioni "catalitiche". Le aree scure sono quelle ricche in CO mentre quelle chiare sono ricche in ossigeno. È molto evidente il comportamento oscillatorio dei domini.

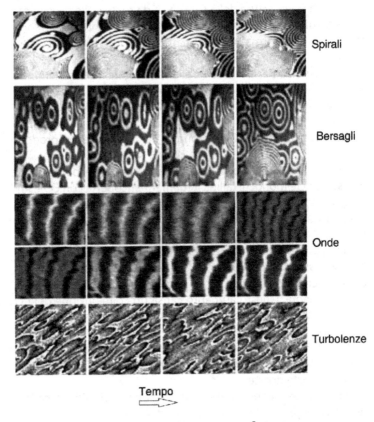

Spirali

Bersagli

Onde

Turbolenze

Tempo

Fig. 11. Immagini di una superficie (ca. $0{,}3\ mm^2$) di platino su cui sta avvenendo la reazione $CO + 1/2\,O_2 \rightarrow CO_2$. Le aree scure sono quelle ricche in CO mentre quelle chiare sono ricche in ossigeno. La scala dei tempi è di ca. 10 secondi. Adattata da The Nobel Prize in Chemistry 2007. The Royal Swedish Academy of Sciences

Conclusioni

Il contributo scientifico del Professor Gerhart Ertl alla scienza delle superfici è stato molto ampio: in particolare, Ertl è riuscito a mettere in luce le variazioni di struttura superficiale che accompagnano l'adsorbimento di molecole e a correlare l'attività catalitica al tipo di superficie; ha determinato il meccanismo dettagliato a livello molecolare della sintesi catalitica dell'ammoniaca da azoto e idrogeno molecolari e dell'ossidazione catalitica dell'ossido di carbonio ad anidride carbonica su superfici monocristalline di metalli; ha studiato in dettaglio la reazione oscillante di ossidazione del CO a CO_2 su superficie monocristallina di platino e, usando la spettroscopia fotoelettronica, è riuscito a raccogliere immagini delle variazioni della struttura superficiale e della ricopertura della stessa durante la reazione.

Gabor A. Somorjai (University of California at Berkeley), premiato insieme a Ertl nel 1988 con il prestigioso *Wolf Foundation Prize in Chemistry*, afferma che, dagli anni '70 del secolo scorso, molto lavoro è stato fatto per arrivare a studiare le reazioni delle molecole con le superfici in situazioni più affini a quello che è o sarà il processo industriale. In effetti oggi la tecnologia ha raggiunto un livello tale che le stesse tecniche che negli anni '70–'80 utilizzava Ertl, possono essere usate in condizioni di pressione e temperatura simili a quelle di processo. Quindi Gerhard Ertl è stato un pioniere in questo campo.

In conclusione, il merito del Professor Gerhart Ertl sta nell'avere sviluppato sofisticate tecniche per l'analisi delle superfici, aprendo così la strada alla comprensione della natura delle specie che si ottengono per reazione fra una superficie metallica e molecole gassose. Così facendo, ha posto le basi delle nanoscienze e delle nanotecnologie, che si fondano appunto sul controllo di processi a livello del singolo atomo o molecola. Ha inoltre offerto una nuova prospettiva di studio di reazioni chimiche fondamentali legate alla catalisi eterogenea.

Letture ulteriori

[1] Citato in G. Ertl, T. Gloyna (2003) Katalyse: Von Stein der Weisen zu Wilhelm Ostwald, *Zeitschrift für Physikalische Chemie* 217, pp. 1207–1219

[2] E. Mitscherlich (1834) Zersetzung und Verbindung durch Kontakt, *Annalen Physikalische Chemie* 31, pp. 273–282

[3] Le reazioni considerate da Berzelius erano: La trasformazione dell'amido in destrina e zucchero promossa da acidi (Kirchhoff, 1811) o da estratti di malto (Kirchhoff, 1814), la decomposizione dell'acqua ossigenata in acqua e ossigeno (Thenard, 1818), l'azione del platino su miscele infiammabili di gas (Davy, 1817, Döbereiner, 1823), la formazione di etere etilico da alcol etilico in presenza di acido solforico (Mitschelich, 1834)

[4] W. Ostwald (1894) *Zeitschrift für Physikalische Chemie* 15, 705–706

[5] W. Ostwald (1901) Über Katalyse, *Zeitschrift für Elektrochemie* 72, 995–1004

Perché l'IPCC e Al Gore hanno vinto il Premio Nobel 2007 per la pace?

di Giorgio Gallo

Al Gore

La conferma di una scelta

Se analizziamo gli ultimi Premi Nobel per la Pace osserviamo una attenzione crescente e forte ai temi ambientali, temi che fino al qualche anno fa sarebbero stati difficilmente associati alla pace. Da quando nel 1901 sono stati assegnati i primi premi (a Henry Dunant, fondatore della Croce Rossa Internazionale, e a Frédéric Passy, fondatore della prima associazione francese per la pace), per tutto il secolo scorso l'ambiente non è mai entrato esplicitamente nelle motivazioni. I premi sono stati, per tutto il '900, ripartiti fra testimoni dell'impegno e della lotta per i diritti umani e per la pace, quali Desmond Tutu, Perez Esquivel o Aung San Suu Kyi, fra politici autori di accordi di pace, anche se spesso responsabili di guerre e crimini, quali Kissinger, al-Sadat o Begin, e fra associazioni impegnate in attività di alto valore umanitario, quali *Amnesty International* e *Médecins Sans Frontières*.

È in questo secolo che l'ambiente fa il suo ingresso e lo fa in modo molto chiaro, con due premi a distanza di tre anni. Il Premio Nobel per la Pace del 2004 è assegnato Wangari Maathai

per il suo contributo allo sviluppo sostenibile, alla democrazia e alla pace. La pace sulla terra dipende dalla nostra capacità di garantire la sicurezza dell'ambiente in cui viviamo. Maathai è in prima linea nella lotta per promuovere in Kenya e in Africa uno sviluppo sociale, economico e culturale che sia ecologicamente sostenibile. Ella ha assunto un approccio olistico allo sviluppo sostenibile che collega la democrazia, i diritti umani e i diritti delle donne in particolare. Ella pensa globalmente e agisce localmente[1].

Questa scelta di evidenziare la forte connessione fra i temi ambientali e la pace viene con forza confermata nel 2007 con l'assegnazione del premio all'IPCC e ad Al Gore

per il loro sforzo di costruire e disseminare una più ampia conoscenza sui cambiamenti climatici prodotti dall'uomo, e per mettere le basi per quelle misure che sono necessarie per contrastare tali cambiamenti. Le indicazioni di cambiamenti nel clima futuro della terra vanno trattate con la massima serietà, tenendo fortemente presente il principio di precauzione. Estesi cambiamenti climatici possono alterare e minacciare le condizioni di vita di gran parte degli esseri umani. Possono indurre migrazioni di grande scala e portare a una maggiore competizione per le risorse della terra. Tali cambiamenti incideranno in modo particolarmente pesante sulla vita nei paesi più vulnerabili. Potranno portare a un aumento nel rischio di conflitti violenti e di guerre sia fra stati che al loro interno[2].

La scelta dell'IPCC e di Gore ha suscitato forti critiche in ambienti pacifisti, e certamente non senza qualche ragione. In fin dei conti

---

[1] http://nobelprize.org/nobel prizes/peace/laureates/2004/press.html

[2] http://nobelprize.org/nobel prizes/peace/laureates/2007/press.html

Al Gore, come vicepresidente USA, ha condiviso in diverse occasioni scelte non certo orientate alla pace e alla nonviolenza. E una istituzione scientifica molto specializzata come l'IPCC ha apparentemente ben poco a che vedere con la pace. Tuttavia queste critiche sono anche il segno di una incapacità di fondo da parte di un certo mondo pacifista di cogliere l'ampiezza che oggi ha il tema pace.

Vale la pena, prima di procedere, di fermarci un po' sul concetto di pace. Già alla fine degli anni '50 Galtung aveva introdotto la distinzione fra *pace positiva* e *pace negativa*, che aveva poi elaborato in un importante articolo del 1969 [1]. L'idea di pace negativa fa riferimento alla violenza diretta, quella che un essere umano esercita direttamente su altri esseri umani. Si ha una pace di questo tipo quando si è in assenza di violenza diretta. Quindi, in questa accezione, la pace è l'opposto della guerra o anche, più in generale, di ogni forma di conflitto violento. L'idea di pace positiva è più ricca e, forse, anche più sfuggente; fa riferimento all'assenza di condizioni di ingiustizia sociale e, più in generale, a una situazione che consenta a tutti di potere realizzare pienamente la propria vita senza impedimenti. Condizioni di assenza di pace positiva possono darsi anche in assenza di conflitti espliciti. È ciò che Galtung chiama *violenza strutturale*, una violenza diffusa e a volte nascosta che è il portato di strutture sociali, economiche e politiche ingiuste e oppressive. A volte accade che la cultura di fondo di una società sia tale da giustificare e rendere accettabili, anche a chi le subisce, forme di violenza strutturale. Questo è per esempio ciò che è accaduto, e continua ad accadere, in società caratterizzate da una cultura patriarcale, con riferimento al ruolo delle donne. È quello che Galtung [2] indica con il nome di *violenza culturale*.

La violenza strutturale ha a che vedere con le strutture sociali, economiche e politiche, ma ha anche a che vedere con l'ambiente. Per esempio l'appropriazione di risorse ambientali[3] da parte di

---

[3]   Il termine "appropriazione" è usato qui in un senso più ampio di quello del prendere possesso fisico di un qualche bene. Lo usiamo anche per indicare un utilizzo di un bene comune fatto in modo da non tenere conto delle esigenze degli altri. Per esempio l'inquinamento dell'aria, bene comune, è una forma di appropriazione. Un interessante esempio è quello dei 400 abitanti del villaggio inuit di Kivalina, nella costa nord-occidentale dell'Alaska, che hanno fatto causa a diverse compagnie petrolifere e compagnie operanti nel settore dell'energia, accusandole di avere violato i loro diritti umani. Kivalina infatti sta per essere inghiottita dal mare a causa dell'innalzamento del livello marino provocato dal riscaldamento globale (*il manifesto*, 29 febbraio 2008).

alcuni può avere conseguenze negative anche molto pesanti sulla vita di altri, creando così condizioni di violenza strutturale e quindi di assenza di pace positiva.

Un concetto strettamente legato a quello di pace, e in questo momento particolarmente attuale, è quello di sicurezza. Soprattutto dopo l'attentato delle due torri dell'11 settembre 2001, la sicurezza è diventata una delle principali preoccupazioni dei governi occidentali, in un modo quasi paranoico, con una proliferazione di controlli (minuziosi controlli agli aeroporti, moltiplicazione delle videocamere nelle strade,...), e con il moltiplicarsi delle occasioni in cui i nostri dati personali vengono raccolti in delle basi di dati in cui vengono immagazzinati e conservati. Nel seguito analizzeremo innanzitutto le relazioni fra pace ambiente, con particolare riferimento ai cambiamenti climatici e ai loro effetti nel contribuire ad aggravare le condizioni di violenza strutturale e di insicurezza che caratterizzano oggi gran parte della popolazione umana. L'ultimo rapporto dell'IPCC[4] insiste proprio sul fatto che i cambiamenti climatici peggioreranno ulteriormente le condizioni di vita di popolazioni già afflitte da condizioni di povertà spesso estreme, e contribuiranno fortemente ad ampliare le disuguaglianza a livello planetario. Successivamente ci concentreremo sui conflitti violenti che possono essere innescati da condizioni di stress ambientale e in particolare dagli stress derivanti dai cambiamenti climatici. Si tratta di diversi tipi di conflitti. Da un lato si prevede un aggravarsi e intensificarsi dei tradizionali conflitti per l'accesso a risorse vitali sempre più scarse. Dall'altro si prevede il diffondersi di un nuovo tipo di conflitti, i conflitti legati a migrazioni crescenti di popolazioni in fuga da aree caratterizzate da stress ambientali e da una progressiva riduzione delle risorse vitali disponibili. Accentuando delle dinamiche già in corso, questi flussi migratori si riverseranno verso le regioni più ricche economicamente e più temperate dal punto di vista climatico. Tutto questo avrà come conseguenza un aggravamento della sindrome da sicurezza che già caratterizza i paesi ricchi del nord, e genererà forti tensioni politiche e sociali con imprevedibili esiti.

---

4 *Fourth Assessment Report*, 2007, www.ipcc.ch/ipccreports/ar4-syr.htm.

Pace e riscaldamento globale

L'idea di pace positiva che abbiamo ricordato nel precedente paragrafo fa riferimento a una situazione che consenta a tutti di poter realizzare pienamente la propria vita senza impedimenti. Chiaramente questa non è la situazione in cui vive la maggior parte della popolazione del nostro pianeta. E questo fatto rappresenta la maggiore sfida che l'umanità si trova davanti oggi, in termini di giustizia ma anche di sicurezza.

Ciò che sta accadendo in singoli paesi del sud, ma ancora più violentemente a livello globale, è una crescente divaricazione fra ricchi e poveri. Tutte le indicazioni sono che ciò continuerà nei prossimi trent'anni, con lo sviluppo di una *élite* globale trans-statale che si solleverà sopra il resto della popolazione. Questa *élite*, di poco più di un miliardo di persone, un sesto della popolazione mondiale, vive soprattutto nei paesi della comunità nordatlantica, in Australasia e in parte dell'Asia Orientale ([3], p. 86).

Questo fatto è di per se stesso l'indicazione di una situazione di violenza strutturale e quindi di assenza di pace. Ma rappresenta anche una minaccia per la sicurezza globale. In un suo articolo dedicato alla crescita delle diseguaglianza a livello mondiale, Robert Wade, economista della *London School of Economics*, osserva come il risultato di tutto ciò sia

una quantità di giovani, disoccupati e arrabbiati, ai quali le nuove tecnologie dell'informazione hanno fornito i mezzi per minacciare la stabilità delle società in cui vivono, ma anche per minacciare la stabilità sociale nei paesi dell'area del benessere. [4]

Questo articolo è stato scritto nell'aprile del 2001, pochi mesi prima dell'attentato delle due torri.

Le condizioni di povertà in cui vive la maggior parte della popolazione mondiale sono certamente l'effetto di un sistema economico globale che produce disuguaglianza ed emarginazione[5].

---

[5] Per un approfondimento di questo tema, fra i molteplici riferimenti possibili, rimandiamo a due testi, uno, *La globalizzazione della povertà* di Chossudovsky [5], in cui il problema viene visto da un punto di vista radicalmente critico del sistema economico attuale, e un altro, *La globalizzazione e i suoi oppositori* di Stiglitz [6], nel quale la critica proviene dall'interno del sistema stesso.

Povertà e disuguaglianze sono in parte un effetto diretto delle relazioni economiche e politiche fra i diversi paesi, e in particolare fra i paesi del Nord e quelli del Sud, ma sono in parte anche la conseguenza del crescente inquinamento e del dissennato uso delle risorse naturali che il vigente sistema economico produce[6]. E i cambiamenti climatici sono forse la più eclatante manifestazione della pressione che viene esercitata sull'ambiente.

Il rapporto dell'IPCC già citato contiene una analisi sistematica del tipo di impatto che i cambiamenti climatici potranno avere sulle condizioni di vita nelle diverse aree geografiche. È interessante osservare come l'impatto sarà prevedibilmente molto più forte, e negativo, nelle aree più povere, mentre avrà complessivamente effetti meno negativi, se non addirittura positivi, nella aree più ricche del Nord. Nel seguito riportiamo alcuni di questi effetti per le diverse aree geografiche.

- *Africa.* Si prevede che entro il 2020 fra i 75 e i 250 milioni di persone soffriranno per una ridotta disponibilità di acqua. Per lo stesso anno in alcune aree si potrà avere una riduzione fino al 50% della produzione agricola, con gravi conseguenze per l'alimentazione delle popolazioni. Per il 2070 si prevede un aumento del 5–8% delle terre aride e semi aride del continente. Per la fine del secolo l'innalzamento dei livelli del mare creerà rilevanti problemi alle popolazioni costiere, con un costo di adattamento che presumibilmente sarà dell'ordine del 5–10% del PIL nel migliore dei casi. E infine alcune malattie tropicali, quali per esempio la malaria, si estenderanno a zone che ne erano finora immuni.

- *Asia.* Si prevede per il 2050 una diminuzione della disponibilità di acqua nelle regioni centrali, orientali e sud-orientali, particolarmente in corrispondenza dei grandi bacini idrici. Si prevede anche un aumento della mortalità dovuta a infezioni intestinali legate alle inondazioni alle siccità derivanti dai previsti cambiamenti nel ciclo idrologico.

---

6 "È solo nella seconda metà del ventesimo secolo che si è giunti davvero a considerare il potenziale esaurimento delle aree di discarica come un problema sociale. ...L'esaurimento delle aree di discarica e delle risorse naturali è diventato negli ultimi decenni l'oggetto di un importante movimento sociale di ambientalisti e di Verdi" [7].

- *Europa.* I cambiamenti climatici avranno l'effetto di amplificare le differenze in risorse naturali all'interno dell'Europa. Gli aspetti negativi includono un aumento di improvvise inondazioni nella terraferma, una maggiore frequenza delle inondazioni e della erosione nelle zone costiere, rischi per la salute dovuti a forti ondate di calore, e un aumento degli incendi boschivi. Nell'Europa del sud si avranno effetti negativi sulla disponibilità di acqua, sul turismo e sui raccolti agricoli.

- *America Latina.* L'aumento della temperatura rischia di portare, nell'Amazzonia orientale, a una graduale sostituzione delle foreste tropicali con savane. Significativo è il rischio di perdita di biodiversità in diverse aree del continente. Il livello di produttività nell'agricoltura e negli allevamenti è destinato nel complesso a diminuire, con effetti sulla disponibilità di cibo per la popolazione. Tuttavia, nelle zone temperate, si prevede un aumento della produttività delle piantagioni di soia. Le variazioni nelle precipitazioni e la riduzione di ghiacciai avranno effetti consistenti sulla disponibilità di acqua per le popolazioni, per l'agricoltura e per la generazione di energia elettrica.

- *America del Nord.* Nelle prime decadi del secolo le variazioni climatiche provocheranno complessivamente un aumento fra il 5 e il 20% della produttività delle colture non irrigate. Il riscaldamento causerà nelle montagne occidentali una diminuzione della quantità di neve, un aumento delle inondazioni invernali e una riduzione dei flussi estivi, con la conseguenza di una maggiore competizione per l'uso di risorse idriche già molto sfruttate.

Le analisi sviluppate nel rapporto sono molto dettagliate ed evidenziano anche gli effetti indiretti dei cambiamenti climatici. Per esempio il fatto che il peggioramento della sicurezza alimentare e la riduzione nella disponibilità di risorse hanno effetti sui movimenti migratori, i quali provocano ulteriori problemi ambientali e cambiamenti socio-economici, e hanno un effetto non trascurabile sulla diffusione dell'HIV/AIDS e di altre malattie.

Ovviamente gli effetti sono diversi a seconda della robustezza e stabilità delle strutture sociali, politiche ed economiche dei paesi. Società politicamente stabili ed economicamente ricche sono in grado di assorbire senza effetti drammatici l'impatto delle variazioni climatiche. In certi casi possono addirittura, almeno nel breve termine, ricavarne dei benefici, per esempio attraverso un aumento della produzione agricola, come evidenziato a proposito dell'America del Nord. I paesi socialmente e politicamente più deboli rischiano di esserne invece ulteriormente indeboliti. Questo aumenterà ulteriormente le disuguaglianze, con effetti che alla lunga si riverseranno anche sulle società ricche del Nord.

Risorse, cambiamenti climatici e conflitti

Fin qui abbiamo visto come i cambiamenti climatici possano avere rilevanti effetti sulle condizioni di vita delle popolazioni soprattutto nelle regioni più povere del globo. Si tratta di effetti che aggravano ulteriormente quelle condizioni di violenza strutturale che caratterizzano la vita quotidiana di una consistente porzione della popolazione umana. Non abbiamo parlato direttamente ed esplicitamente di conflitti né di guerre. In realtà guerre e conflitti sono spesso la più drammatica conseguenza delle situazioni di stress ambientale e di scarsità di risorse.

Il collegamento fra ambiente e conflitti è in realtà molto antico. Nel suo *Collasso*, per esempio, Diamond [8] riporta il caso degli indiani Anasazi nell'America del Nord. Si tratta di popolazioni che vivevano nel sud-ovest degli attuali Stati Uniti, e che avevano raggiunto un notevole livello di sviluppo prima della loro scomparsa avvenuta presumibilmente nel XV secolo. Gli Anasazi erano riusciti a "costruire edifici in pietra che rimasero i più alti del Nordamerica fino all'arrivo dei primi grattacieli, edificati a Chicago fra il 1880 e il 1890 con l'aiuto dell'acciaio" ([8], p. 148). Malgrado disponessero di tecniche agricole notevolmente sofisticate, a causa della fragilità delle terre in cui vivevano, il sommarsi di fattori demografici, ambientali e climatici ha portato a situazioni di vera e propria guerra e infine al crollo stesso della civiltà degli Anasazi.

La disponibilità di risorse agricole e l'accesso alla terra, elementi sui quali, come abbiamo visto, hanno una grande influenza anche i fattori ambientali e climatici, sono una delle cause in molti conflitti. Non ultimo uno di quelli che hano suscitato più orrore negli ultimi anni, il conflitto fra hutu e tutsi in Ruanda con il conseguente genocidio del 1994. Con un elevato tasso di crescita della popolazione, nel 1990, il Ruanda era fra i paesi più densamente popolati dell'Africa, con una densità di 293 abitanti per chilometro quadrato, superiore a quella della Gran Bretagna. Questo ha portato a un sovrasfruttamento delle risorse agricole del paese. Come riporta Diamond [8], nel 1984 l'intero Ruanda aveva l'aspetto di un'immensa piantagione: persino le colline più ripide erano coltivate fino in cima, con effetti drammatici dal punto di vista dell'erosione dei suoli. Effetti accentuati, nel corso degli anni '80, quando "incominciò un periodo di siccità, causata da una combinazione di cambiamenti climatici a livello regionale e globale, e dagli effetti locali della deforestazione". La penuria di terra e la difficoltà crescente per i giovani di trovare lavoro portò a tensioni, anche a livello familiare. Spesso i piccoli proprietari erano costretti a vendere tutta o parte della loro terra ai grandi, con un aumento sia della percentuale delle grandi proprietà che di quella delle piccolissime (meno di un quarto di ettaro). Pur riconoscendo l'esistenza di diverse concause, la conclusione di Diamond è che

> in Ruanda, la pressione demografica, lo sfruttamento eccessivo dell'ambiente e la siccità furono cause prime, che si accumularono come polvere da sparo in un barile e che resero la popolazione disperata e senza via di scampo. La causa prossima, il fiammifero per dar fuoco alle polveri, fu quasi ovunque l'odio etnico fomentato da politici cinici, la cui unica preoccupazione era di mantenersi al potere.

A conferma di questa tesi c'è il fatto che massacri avvennero anche in aree etnicamente omogenee abitate solo da hutu, dove "gli avvenimenti del 1994 fornirono un'opportunità unica per regolare i conti e per ridistribuire le terre all'interno dello stesso gruppo etnico e della stessa famiglia".

I casi riportati non sono i soli. Per esempio anche nel conflitto del Darfour i cambiamenti climatici e i problemi ambientali hanno svolto un ruolo non secondario.

> In Darfour e in luoghi dello stesso tipo, le popolazioni lottano per il possesso di scarsi pascoli e terre coltivabili e soprattutto per l'acqua. I pastori non riescono a garantire la vita alle proprie mandrie, e il potenziale per forme alternative di sopravvivenza attualmente non esiste. Il Darfour sta sperimentando una brutale violenza soprattutto perché è impoverito e manca di acqua. In un paese dove le precipitazioni si sono ridotte di un terzo nel corso degli ultimi cinquant'anni, mentre la popolazione è forse triplicata,

Perché l'IPCC e Al Gore hanno vinto il Premio Nobel 2007 per la pace?

i *peacekeeper*, anche se possono separare i belligeranti, non possono certamente porre fine all'agonia umana [9].

Conflitti di questo tipo sono più probabili in società dalle strutture sociali fragili. Esiste una forte connessione fra scarsità di risorse naturali e scarsità di risorse sociali.

La scarsità di risorse naturali, quando le società tentano di affrontarla, inevitabilmente si traduce in scarsità di risorse sociali, intesa come la capacità della società di adattarsi alla crescente scarsità innanzitutto di terra e di acqua. I più dannosi effetti della incapacità di adattamento alle scarsità sono i conflitti fra paesi [10].

È proprio il concetto di scarsità sociale che collega le componenti fisiche del sistema, quali ambiente, demografia, ecc., a quelle più propriamente socio-politiche.

Si tratta di fenomeni che non interessano solamente le aree più povere del pianeta, e in particolare l'Africa, e che possono avere effetti drammatici su tutto il pianeta. Anche qui appare chiaro come la pace non sia divisibile. E non è un caso che di questo abbiano cominciato a preoccuparsi i militari. Il Pentagono, per esempio, ha incaricato alcuni scienziati di analizzare gli effetti, dal punto di vista della sicurezza, di un brusco e consistente cambiamento climatico[7]. Nel rapporto del 2003 [11] che riporta i risultati di questo studio si legge:

> Colpiti da fame, malattie e disastri atmosferici dovuti al brusco cambiamento climatico, le necessità di molti paesi supereranno la loro capacità di carico. Questo creerà un senso di disperazione, che facilmente potrà portare ad azioni offensive con l'obiettivo di ottenere una situazione più bilanciata. Immaginiamo i paesi dell'Europa orientale, in lotta per alimentare la propria popolazione di fronte alla diminuzione della disponibilità di cibo, acqua ed energia, che si rivolgono alla Russia, la cui popolazione è già in declino, per l'accesso ai suoi cereali, minerali e risorse energetiche. [...] Immaginiamo Pakistan, India e Cina, tutti forniti di arma-

---

[7] La motivazione delle studio nasce dalla possibilità, suggerita da alcune ricerche, che il lento e progressivo riscaldamento globale in corso possa portare a una accelerazione dei fenomeni coinvolti, con effetti devastanti e difficilmente gestibili.

menti nucleari, coinvolti in incidenti di frontiera per problemi di rifugiati, di uso di fiumi condivisi e di accesso a terre arabili. [...] Con oltre 200 bacini fluviali che toccano più nazioni, possiamo aspettarci conflitti per l'accesso all'acqua. [...] Il Danubio tocca 12 nazioni, il Nilo ne attraversa 9, e il Rio delle Amazzoni 7.

Migrazioni, conflitti e sicurezza

Come i conflitti per l'accesso alle risorse, anche i *conflitti migratori*[8] non sono nuovi nella storia umana. Quello che è nuovo e fortemente preoccupante è la scala che questi fenomeni stanno assumendo oggi, e soprattutto potranno assumere in futuro.

L'Africa è certamente il continente in cui già oggi più evidenti e drammatici appaiono gli effetti di questi conflitti. Dalla fine degli anni '60, il Sahel, una fascia di terra semi arida che si trova lungo il confine meridionale del Sahara, ha sperimentato una riduzione del 25% della piovosità, con diversi anni di forte siccità. Questo ha spinto gli agricoltori a cambiare tipo di coltivazioni e molti di loro a spingersi verso sud alla ricerca di terre meno aride. Sempre a sud si sono spostati anche gli allevatori. Fra il 1960 e il 1990 circa 8 milioni di saheliani sono stati costretti a emigrare, la quasi totalità (circa 7,5 milioni) verso i paesi dell'Africa Occidentale. La Costa d'Avorio è stata una delle principali destinazioni di questa ondata migratoria. Proprio la difficile relazione fra nuovi arrivati e popolazione locale e la crescente carenza di terra, in una regione dove la terra fino ad allora era considerata una risorsa praticamente illimitata, sono una delle cause della guerra civile che è ancora oggi in corso in quel paese. Come si legge in un documento dello SWAC (*Sahel and West Africa Club*),

> Le tensioni rurali in Costa d'Avorio sono alimentate dalla frustrazione dei giovani che, incapaci di trovare lavoro nelle aree urbane, ritornano alle aree rurali di origine nella speranza di riavere l'accesso alle terre tradizionalmente usate dalle loro famiglie. Poiché gran parte della terra è affitta-

---

8 Questo è il termine usato da Klare [12] per definire i conflitti che derivano da spostamenti di rilevanti porzioni di popolazione in fuga da aree caratterizzate da stress ambientali e da una progressiva riduzione delle risorse vitali disponibili, alla ricerca di migliori condizioni di vita.

ta sotto il regime del "tutorat" a immigrati, essi si sentono frustrati e i conflitti all'interno delle famiglie e fra giovani "autoctoni" e immigrati sono sempre più frequenti [13].

E, come osserva Galy [14],

L'emarginazione di una gioventù sempre più numerosa, esclusa dal possesso della terra e da lavori ufficiali, alimenta tanto la rivolta nordista quanto l'agitazione nazionalista a sud [14].

I problemi relativi all'accesso alla terra sono all'origine della instabilità anche di altri paesi dell'area, quali Liberia e Sierra Leone.

Ma questi fenomeni interessano in modo sempre più rilevante anche le aree ricche del nord del pianeta, verso le quali si dirigono crescenti flussi migratori. Si tratta di un fenomeno che comincia a creare in diversi paesi una sorta di psicosi da invasione[9], con reazioni che sfociano non di rado nella xenofobia. C'è la forte tentazione di affiancare a leggi sempre più rigide risposte di tipo militare. Ne sono un esempio i reticolati presidiati militarmente che difendono le enclave spagnole in Africa di Ceuta e Melilla dagli immigranti illegali provenienti dal Marocco[10], o il reticolato che si stende lungo gran parte della frontiera fra gli USA e il Messico. Anche qui molte sono le vittime dei tentativi di superare il confine sfuggendo alle diverse forme di controllo messe in atto da parte delle autorità americane.

Finora però si è trattato di tentativi o individuali o di gruppi relativamente piccoli. Come osserva Klare [12] però, "una volta che gli effetti del riscaldamento globale si manifesteranno su grande scala, è possibile pensare a movimenti migratori che coinvolgano intere comunità o regioni, con decine di migliaia di persone – alcune provviste di armi o organizzate in milizie". Avremo così veri e propri conflitti violenti, provocati dagli sforzi di consistenti gruppi di spostarsi dal aree devastate dal punto di vista ambientale verso

[9] Il termine invasione è spesso usato nei titoli dei giornali, anche quando si fa riferimento a sbarchi di poche decine di persone.

[10] Fra la fine dell'agosto 2005 e l'inizio dell'ottobre dello stesso anno, migliaia di emigranti africani hanno preso d'assalto il doppio reticolato cercando di entrare così in Spagna. Sono stati respinti con grande violenza dalla polizia spagnola e da quella marocchina: una quindicina sono stati i morti e un centinaio i feriti. La violenza contro gli emigranti è stata denunciata e testimoniata da *Medici senza Frontiere* e da altre ONG operanti nella zona.

aree in cui le condizioni ambientali sono migliori, e dalla resistenza armata di coloro che abitano in tali aree.

Da un lato, come già osservato, i paesi su cui presumibilmente maggiore sarà la pressione, quali gli Stati Uniti, la Spagna, la Francia e l'Italia, si stanno attrezzando ponendo una sempre maggiore enfasi sulla necessità di chiudere le frontiere e di usare forze militari e paramilitari per bloccare il flusso degli immigranti clandestini. Dall'altro l'aumento della popolazione immigrata, regolare o clandestina, alimenta sentimenti nazionalistici e xenofobi, se non addirittura apertamente razzisti o neo-nazisti, con possibili effetti di instabilità politico-sociale se non di militarismo. Non è un caso che siano stati, negli USA, i militari i primi a lanciare l'allarme per i rischi per la sicurezza derivanti dalle migrazioni innescate dai cambiamenti climatici.

A conflitti migratori si faceva già riferimento nel documento del Pentagono del 2003 precedentemente citato. Più recentemente, nel 2007, il tema è stato ripreso in un documento preparato da un gruppo di alti ufficiali americani in pensione[11] per conto della CNA Corporation, una istituzione nonprofit americana. In questo documento leggiamo che

> i previsti cambiamenti climatici contribuiranno a tensioni anche nelle regioni stabili del mondo. Gli Stati Uniti e l'Europa saranno oggetto di pressioni crescenti per accettare grandi numeri di immigranti e di rifugiati con l'aumentare delle siccità e il declino della produzione alimentare in America Latina e in Africa.

Tutto ciò viene visto soprattutto in termini di sicurezza e di problemi per il "nostro già sovraesposto esercito, inclusa la guardia costiera e le forze della riserva".

Conclusioni

È ormai da molto tempo che si è cominciato ad avere coscienza del fenomeno del riscaldamento globale e dei suoi possibili effetti. Già nel 1992, nel *summit* di Rio, era stato messo a punto un trattato, la *Convenzione Quadro sui Cambiamenti Climatici delle Nazio-*

---

[11] *National Security and the Threat of Climate Change,* http://securityandclimate.cna.org/report/

ni Unite (UNFCCC), come base per una politica comune tesa alla "stabilizzazione della concentrazione di gas serra nell'atmosfera a un livello tale da prevenire interferenze antropogeniche pericolose con il sistema climatico"[12]. Si trattava di un impegno ancora abbastanza vago: infatti una espressione come "interferenze antropogeniche pericolose" può essere interpretata in diversi modi e può quindi essere usata per giustificare comportamenti anche molto diversi. E in effetti il trattato di Kyoto del 1997, che si colloca all'interno della Convenzione Quadro sui Cambiamenti Climatici, nasceva proprio dalla constatazione che, in assenza di impegni vincolanti e ben definiti, sarebbe stato impossibile raggiungere la stabilizzazione della concentrazione di gas serra in atmosfera.

Purtroppo anche agli impegni presi a Kyoto hanno seguito pochissimi fatti, tanto che la concentrazione di gas serra continua a crescere. Questo è dovuto da un lato a una limitata attenzione al problema da parte dell'opinione pubblica, e dall'altro al costo economico che avrebbero interventi efficaci di riduzione delle emissioni di gas serra. Per evitare di mettere in atto misure impopolari e comunque costose sono state addotte motivazioni diverse: la poca certezza su quale fosse il livello massimo sostenibile di riscaldamento[13] e la presunta mancanza di prove scientifiche definitive sull'origine antropica del riscaldamento globale. Che la riduzione delle emissioni di gas serra abbia un costo è certamente vero, ma è anche vero che questo costo, oggi ancora sostenibile, rischia, per l'aggravarsi della situazione, di diventarlo sempre meno con il passare del tempo. A queste conclusioni è arrivato il rapporto della Commissione Stern[14], presentato al governo inglese nel 2006.

Il merito di Al Gore è stato quello di avere contribuito, in modo molto efficace, a portare all'attenzione dell'opinione pubblica il problema del riscaldamento globale e di avere così significativamente contribuito a un ampliamento della presa di coscienza della gravità e dell'urgenza del problema. In questo modo si è re-

---

[12] http://unfccc.int/essential background/convention/background/items/ 2853.php

[13] Non è un caso che il presidente Bush abbia spiegato la sua decisione di non ratificare il trattato di Kyoto affermando che "nessuno può dire con certezza cosa costituisca una interferenza antropogenica pericolosa e quindi quale livello di riscaldamento debba essere evitato" [15].

[14] http://www.hm-treasury.gov.uk/independent reviews/ stern review economics climate change/stern review report.cfm

sa più facile la realizzazione di un ampio sostegno a interventi tesi a ridurre le emissioni di gas serra. Tra l'altro interventi di questo tipo richiedono spesso anche un cambiamento degli stili di vita e quindi comportano necessariamente un coinvolgimento attivo delle popolazioni. Il merito principale dell'IPCC è stato invece quello di avere approfondito le conoscenze scientifiche sul fenomeno del riscaldamento globale e sui conseguenti cambiamenti climatici e di avere fornito una seria base scientifica allo studio dell'impatto che tali cambiamenti potranno avere a livello planetario, con particolare riferimento alle condizioni di vita delle popolazioni.

I costi che saranno presumibilmente pagati a causa del riscaldamento globale, se non verranno messe in atto azioni di contrasto efficaci e rapide, saranno alti e non ugualmente distribuiti sulla popolazione mondiale. Abbiamo visto che chi pagherà di più sarà proprio quella parte della popolazione che già subisce la ineguale distribuzione della ricchezza, e che vive in condizioni di povertà spesso estrema e di elevato rischio. Per essa si prevede un radicale peggioramento delle condizioni di vita, con la conseguenza di conflitti anche violenti. Comunque, in un modo o in un altro, tutti pagheranno un costo. Per il Nord sviluppato presumibilmente il costo più alto sarà in termini di sicurezza piuttosto che di una sostanziale diminuzione delle risorse disponibili. Per questo l'attribuzione del Nobel per la Pace a Gore e all'IPCC, oltre a essere giustificata in se stessa, è anche un modo per evidenziare ulteriormente l'importanza e l'urgenza del problema del riscaldamento globale, e la necessità di intervenire rapidamente a livello globale per porvi rimedio.

Letture ulteriori

[1] J. Galtung (1969) Violence, peace, and peace research, *Journal of Peace Research* 6, pp. 167–191

[2] J. Galtung (1996) *Peace by Peaceful Means*, Sage

[3] P. Rogers (2002) *Losing Control*, Pluto Press

[4] R. Wade (2001) Winners and Losers, *The Economist*

[5] M. Chossudovsky (1998) *La globalizzazione della povertà*, Edizioni Gruppo Abele

[6] J. E. Stiglitz (2002) *La globalizzazione ed i suoi oppositori*, Einaudi

[7] I. Wallerstein (2006) *Comprendere il mondo. Introduzione all'analisi dei sistemi-mondo*, Asterios Editore

[8] J. Diamond (2005) *Collasso – Come le società scelgono di morire o vivere*, Einaudi

[9] J. Sachs (2008) Distruption and potential in the global economy, *Current History* 107, pp. 19–23

[10] L. Ohlsson (1999) *Environment, Scarcity, and Conflict: A study of Malthusian Concerns*, PhD thesis, Department of Peace and Development Research, University of Goeteborg

[11] P. Schwartze, D. Randall (2003) *An abrupt climate change scenario and its implications for United States national security*, http://stephenschneider.stanford.edu/Publications/PDF_Papers/SchwartzRandall2004.pdf

[12] M. T. Klare (2007) Global Warming Battlefields: How Climate Change Threatens Security, *Current History* 106, pp. 355–361

[13] SWAC (2005) *Land, agricoltural change and conflict in west Africa, Regional issues from Sierra Leone, Liberia and Cote d'Ivoire*, www.oecd.org/sah

[14] M. Galy (2007) La costa d'avorio sulla strada di una riconciliazione nazionale, *Le Monde Diplomatique, il manifesto*, pp. 14–15

[15] B. K. Mignone (2007) International Cooperation in a Post-Kyoto World, *Current History* 106, pp. 362–368

Perché Doris Lessing ha vinto il Premio Nobel 2007 per la letteratura?

di Fausto Ciompi

Doris Lessing

Doris May Tayler (prenderà il cognome Lessing dal secondo marito, un militante comunista conosciuto in Rhodesia, in seguito diplomatico della Germania dell'Est) è nata in Persia nel 1919 da genitori inglesi. Il padre, mutilato di guerra, vi si era trasferito dopo la tragedia bellica, insieme all'infermiera che l'aveva curato. Quando Doris ha cinque anni la famiglia si sposta in Rhodesia. A quattordici anni la ragazza lascia la scuola e completa la propria istruzione da autodidatta.

A quindici anni se ne va di casa. A trenta si trasferisce in Inghilterra dove intraprende la carriera di scrittrice. Qui, nel 1950, appare il suo romanzo d'esordio, *The Grass is Singing*. Seguiranno oltre cinquanta volumi fra opere di narrativa, poesie, saggi, testi teatrali e autobiografici. È da poco apparso l'ennesimo romanzo, *Alfred and Emily* (2008), rimemorazione e riscrittura della vita dei genitori dell'autrice.

Fino all'invasione dell'Ungheria, nel 1956, la Lessing è stata una fervente militante comunista. In seguito si è avvicinata alla cosiddetta *New Left*. Nella maturità si è interessata soprattutto alla cultura sufi, seguendo gli insegnamenti del maestro Idries Shah. In conseguenza di questa evoluzione spiritualista non è comunque mutata la sua preoccupazione filosofica di fondo: come può l'individuo integrarsi armonicamente in un contesto – prima inteso in senso socio-politico poi addirittura cosmico – più generale?

Questa caricatura di una "biografia sintetica" alla Borges ci dice almeno due cose. In primo luogo, salta agli occhi la prolificità della scrittrice: cinquanta volumi. Troppi, per gli esigenti standard di oggi. I suoi modelli letterari sono, del resto, scrittori ottocenteschi, spesso fluviali, come Balzac, Tolstoj, Dostoevskji, Cechov. Se non proprio all'epica, la Lessing tende in effetti all'affresco sociale, alla rappresentazione delle aspirazioni e dei conflitti interiori sempre posti in relazione alla dimensione comunitaria. Con un paradosso ulteriore: nonostante la suddetta prolificità, Doris Lessing rischia di passare per il proverbiale *auctor unius libri*. La sua fama riposa infatti essenzialmente su un unico romanzo, *The Golden Notebook* (1962), testo fra i più rappresentativi della cultura femminista e della letteratura inglese degli anni Sessanta. Secondo l'autorevole critico Harold Bloom, proprio con *The Golden Notebook* si esaurisce comunque la produzione valida della Lessing. I libri seguenti sarebbero, a suo dire, addirittura illeggibili.

Lo schizzo biografico accennato ci ricorda, in secondo luogo, che Doris Lessing è cresciuta in contesti multirazziali e multiculturali, entro i quali è stato inevitabile sperimentare le contraddizioni dell'incontro-scontro fra diversi, il pregiudizio razziale e le discriminazioni nei confronti della donna. Non a caso la motivazione ufficiale dell'attribuzione del Premio Nobel dichiara la Lessing "cantrice epica dell'esperienza femminile, che, con scetticismo, passione e forza visionaria, ha sottoposto a scrutinio una civiltà divisa". Nella sua opera, ha inoltre rimarcato l'accademia svedese in sede di premiazione, la Lessing mostra costantemente solidarietà per gli emarginati e i diversi di ogni sorta, fustigando il colonialismo, il totalitarismo, la corruzione nel terzo mondo e combattendo contro la povertà e la distruzione dell'ambiente.

A rischio di dispiacere doppiamente alla scrittrice, nemica giurata del *politically correct* e teorica dell'efficacia della letteratura in quanto infrazione alle attese più ovvie del contesto ricettivo, si può quindi affermare che il Nobel alla Lessing è un omaggio, politicamente corretto, ai valori del femminismo, dell'anti-colonialismo e dell'anti-razzismo. Lungi dall'infrangere la crosta delle aspettative più pigre dei lettori, i valori propri della narrativa di Doris Lessing consuonano infatti perfettamente con le teorie critiche oggi dominanti, soprattutto nei paesi anglofoni: *gender studies*, femminismo, neostoricismo, materialismo culturale; tutte tendenze che valorizzano la produzione letteraria delle donne, dei neri, degli omosessuali, dei discendenti delle ex colonie degli imperi europei (la cosiddetta letteratura post-coloniale), dei subalterni in genere. Tendenze che hanno contribuito ad "aprire" o a "far esplodere" il canone letterario – cioè l'elenco dei testi da leggere, studiare e insegnare nelle scuole e nelle università – invalso fino agli anni Sessanta. Sino ad allora la cultura umanistica tradizionale si basava essenzialmente sullo studio e l'insegnamento delle opere dei maschi bianchi occidentali morti. Presumeva di promuovere valori universali e atemporali, ma in realtà, secondo le femministe e altri esponenti del nuovo pensiero critico, la sua apparente imparzialità coonestava semplicemente l'antica cultura patriarcale con la quale si identificava *in toto*. Una conseguenza evidente di questa rivoluzione culturale iniziata negli anni Sessanta è stata l'attribuzione del Nobel a *women writers* o scrittori del cosiddetto terzo mondo, oggi forse il primo quanto a qualità letteraria, come Derek Walcott, Nadine Gordimer, V.S. Naipaul, J.M. Coetzee, Toni Morrison.

Da sempre le riserve più serie nei confronti della Lessing non riguardano comunque la sfera ideologica, bensì quella dello stile. La Lessing scrive con costante efficienza, ispirata da una laboriosa volontà di comprendere e spiegare narrando. Usa una scrittura pervicacemente grigia, etica, che dice laboriosamente tutto, tutto analizza e soppesa, senza lasciare gran che all'implicito, al simbolico o all'indiretto. Può risultare tediosamente e uniformemente intelligente; mai indugia nell'esasperata ricerca della parola giusta o del preziosismo stilistico. L'eroina del suo capolavoro, la Anna Wulf di *The Golden Notebook*, sin dal cognome rende evidente omaggio alla scrittrice di Bloomsbury. Ma tanto Virginia Woolf era raffinata, sublime, incline al monologo interiore, a un lirismo poetico complicato dalla cerebralità di Freud, quanto la Lessing tende invece a una lingua che è stata definita utilitaria, turgida, polemica, predicatoria. Secondo il romanziere americano Gore Vidal, per esempio, al suo meglio la prosa della Lessing è "solida, lenta, un tantino piatta". Secondo William Pritchard, invece, la Lessing "ha coltivato una prosa singolarmente poco amabile, aritmicamente pedestre". Anche le sue analisi psicologiche sono spesso estroflesse, risolte nello spazio del fuori e della conversazione. A differenza degli interni d'anima e delle affascinanti autoanalisi della Woolf, tendono a una chiarezza descrittiva faticosamente conquistata. Non c'è dubbio, dunque, che le virtù stilistiche della Lessing, per dirla con la retorica antica, non si rinvengono nell'*elocutio* (la scelta e combinazione delle parole), ma casomai nell'*inventio* (il ritrovamento dei temi, la creazione dei personaggi) e nella *dispositio* (la strutturazione delle grandi parti del discorso, la cura degli intrecci e, soprattutto, dei dialoghi).

Beninteso, anziché rappresentare una debolezza, dal punto di vista storico tutto ciò può persino essere interpretato come un segno di maturità. Se, come osserva Milan Kundera, a un certo punto della storia del romanzo e della sua storia personale, il romanziere deve far tacere le grida dell'anima e aprirsi al mondo, magari al di là dei confini nazionali[1], allora il romanzo della Lessing, tendenzialmente realistico, oggettivo, comunque teso all'esplorazione di società o addirittura mondi altri, segna un avanzamento, nel senso della necessaria responsabilità dello scrittore verso la comunità, rispetto al lirismo introspettivo della Woolf e del suo tempo.

Volendo storicizzare l'opera della Lessing[2], bisogna del resto ricordare che la sua opera non nasce vecchia. La scrittrice esordisce con un romanzo di impianto realista, il citato *The Grass is Singing*, ambientato in Rhodesia, che introduce diversi elementi di novità entro l'assai conservatrice scena letteraria inglese del dopoguerra. Lo sperimentalismo e l'avanguardia, che avevano dominato la prima parte del secolo con Joyce, Woolf, Conrad, sono ora prodotti di nicchia a uso e consumo dell'*élite* accademica. Come il Modernismo, che si evolve in senso marcatamente nichilista (esemplare, al riguardo, il titolo di un'opera di Samuel Beckett: *Texts for No-*

---

[1] M. Kundera (2005) *Il sipario*, Adelphi, Milano, pp. 73–74.
[2] Per il quadro storico del periodo, rimando in primo luogo a M. Bradbury (1994) *The Modern British Novel*, Penguin, London, pp. 264–334.

thing,1955), minoritario risulta del resto anche il pur importante filone estetizzante (*Alexandria Quartet* di Lawrence Durrell, 1957–1960) o quello allegorico-parabolare (*Lord of the Flies* di Golding, 1954; *The Hemlock and After* di Angus Wilson, 1954; *1984* di Orwell, 1949). Prende piede, invece, per citare il titolo di un libro influente di Rubin Rabinowitz, *The Reaction against Experiment in the English Novel*. Come accade in Germania con il gruppo 47 di Grass e Böll, in Italia con il neo-realismo o in America con scrittori quali Norman Mailer e Bernard Malamud, anche in Gran Bretagna il realismo oscura o soppianta lo sperimentalismo. Un realismo, che, nella sua versione inglese, si caratterizza soprattutto in senso provinciale. Basti pensare a un titolo esemplare come *Scenes from Provincial Life* (1950) di William Cooper, che racconta pacatamente la felicità maritale, la routine del lavoro, gli incidenti della trivialità quotidiana tipici di una realtà geograficamente microscopica. Questo ritorno alla dimensione piccola e rassicurante delle *shires* si spiega, secondo Seamus Heaney, con gli effetti catastrofici della seconda guerra mondiale. Il conflitto bellico ha decimato popolazioni, distrutto città e adombrato l'annichilimento dell'intera umanità con l'olocausto nucleare. I sogni di trasformazione politica che ancora esaltavano molti scrittori degli anni Venti e Trenta sono naufragati in un bagno di sangue. Come dichiarò il romanziere e poeta Kingsley Amis, nessuno nel dopoguerra voleva più saperne dei grandi temi per qualche tempo. Al posto dei grandi ideali o dei cosiddetti grandi narrativi, si ricerca quindi la rassicurante vita microcomunitaria, il piccolo, il vicino, il consueto. Non si pretende neanche di descrivere la condizione umana, osserva il critico Bernard Bergonzi; ci si accontenta di descrivere l'ideologia dell'essere inglesi. E questa ideologia è anzitutto definita dalla *post-imperial tristesse*. Seppur uscita vittoriosa dalla guerra, l'Inghilterra è oramai un'ex-potenza imperiale. Un ulteriore colpo al suo prestigio lo porterà del resto la crisi di Suez nel 1956. In patria si vive in regime di *austerity*, di penuria e razionamento dei beni.

Come si inserisce Doris Lessing in questo quadro? La scrittrice appartiene a quella che Sartre, in *Che cos'è la letteratura?* (1947), chiamava la terza generazione del XX secolo. La prima, quella modernista borghese, aveva estetizzato l'arte; la seconda, caratterizzata in Francia dai Surrealisti e in Inghilterra dai cosiddetti Trentisti, non aveva saputo decidere se proclamare un nuovo mondo o essere la becchina del mondo vecchio. Le loro erano comunque state epoche di vacche grasse. Per gli scrittori del dopoguerra si prospettava invece un'epoca di vacche magre: essi non avevano ormai più niente da dire. In effetti, la maggior parte degli scrittori inglesi del dopoguerra rifiuta ogni responsabilità intellettuale. Essi si presentano semmai come figure bizzarre, idiosincratiche e isolate. La Lessing, come Sartre, attribuisce invece agli scrittori un nuovo compito: ricreare il linguaggio e rinnovare il senso. Non a caso *The Grass is Singing* introduce nella narrativa degli anni Cinquanta alcuni elementi di originalità sostanziale:

1) l'ambientazione africana, tutt'altro quindi che provinciale (la scrittrice rifiuterà anche l'associazione agli *Angry Young Men* a causa della loro chiusura e ristrettezza);

2) l'impegno politico in senso marxista e sartriano;

3) la riqualificazione del romanziere, da semplice figura isolata e bizzarra come voleva lo stereotipo dell'epoca, a intellettuale inserito in una comunità;

4) la rappresentazione della donna come essere completo, senziente ma anche raziocinante. Non più Lolita, matrona vittoriana o ninnolo romantico, ma intellettuale e scrittrice, creatura biologicamente e mentalmente plausibile, descritta non solo nella sua vita emotiva ma anche nel rapporto con il proprio corpo. Si deve alla Lessing, barthesiano effetto di reale oggi risibile, il primo tampax della letteratura inglese.

The Grass is Singing fu interpretato da molti lettori come una critica alla discriminazione razziale. Ma la stessa scrittrice, nella prefazione a una riedizione del romanzo, negò che quella fosse la sua intenzione principale. Non c'è dubbio che il testo si strutturi secondo binarietà oppositive: la relazione antitetica fra neri e bianchi, uomini e donne, fra il colonizzatore e la terra colonizzata, ruolo e identità, fra la coazione a ripetere freudiana e il compito jungiano di individuazione. Ma nessuno di questi dualismi permane incontestato.

L'intreccio ruota intorno al tentativo di spiegare perché Moses, il lavorante nero, ha ucciso Mary, la padrona bianca della fattoria. Secondo la pubblica opinione, Moses è stato spinto dalla cupidigia o dal risentimento razziale. In realtà anche la bianca Mary si sente oppressa dal pregiudizio inscritto nella cultura dei maschi britannici quanto nell'arido femminismo (*arid feminism*)[3] della madre, il cui senso di superiorità sul maschio e la cui eterna lagnanza di femmina sofferente (*suffering female, ibid.*, p. 86) impediscono ogni relazione soddisfacente con l'altro sesso. Mary è attratta da Moses, che rappresenta l'oscurità dell'Africa, l'ignoto, l'inconscio dove tutto il represso si accumula (la donna lo associa incestuosamente al padre, oltre che alla vita selvaggia del *bush*). Ha una relazione sessuale con l'indigeno, il quale però la uccide senza apparente motivazione. Nell'ultimo capitolo, folto di lessico religioso, lei accetta serenamente la morte, dopo la quale verrà la pioggia (il titolo del romanzo, che echeggia un verso di T.S. Eliot, alludeva all'aridità, all'impossibilità di rigenerazione di un mondo condannato): il prodromo, forse, di un'epoca in cui le tensioni fra uomo e donna, bianchi e neri, fattoria e *bush* saranno risolte. Un tempo in cui gli eredi di Moses potranno entrare nella terra promessa a lui preclusa. Come si leggerà poi esplicitamente in *Briefing for a Descent into Hell*, la logica cui, sin dalla sua opera prima, la scrittrice s'ispira "isn't either or at all, it's and, and, and, and, and"[4]. La Lessing si schiera decisamente contro i falsi dualismi e a favore delle contaminazioni produttive.

La successiva opera importante della Lessing è *Martha Quest* (1952), primo episodio di *Children of Violence*, un romanzo-ciclo in cinque volumi nei quali la narrazione cerca di riappropriarsi di una storia in disgregazione. Protagonista dell'intera sequenza è Martha Quest, sin dal nome caratterizzata come eroina divisa fra le responsabilità del proprio ruolo domestico-familiare (la Marta evangelica) e la libera ricerca della propria identità (*quest* è la cerca di medievale memoria). Il *Bildungsroman* di Martha inizia nello Zambesia (uno stato africano d'invenzione) della sua adolescenza, passa attraverso la Londra della sua maturità e si conclude, con la donna oramai prossima alla morte, in una piccola isola scozzese. La Martha adolescente rifiuta i modelli femminili del passato, la storia inglese, la coazione a ripetere cui sembra vocarla la propria educazione. Solo la letteratura e la visione profetica sembrano darle respiro. Immersa nel *veld*, immagina la città dalle quattro porte, la

---

[3] D. Lessing (1950) *The Grass is Singing*, Crowell, New York, p. 33.

[4] D. Lessing (1975) *Briefing for a Descent into Hell*, Knopf, New York, p. 165. "Non è affatto o/o, è e, e, e, e, e" (per agevolare la fruizione del testo inglese, qui e di seguito inserisco alcune mie traduzioni di servizio).

nuova Gerusalemme dell'integrazione e dell'unità dove, con eco da William Blake, i bambini dalla pelle candida del nord giocano con i bimbi dalla pelle bronzea del sud. Nella seconda *tranche* della storia, *A Proper Marriage* (1954), Martha, spinta da forze deterministiche, si sposa e procrea. Cade vittima della ripetizione, ma vive anche la felicità biologica del momento. Insieme a un'altra puerpera si strappa i vestiti, sotto una pioggia torrenziale, per sedersi nell'acqua fangosa e pullulante di vita animale. Abbandona quindi il marito e la figlia Caroline, convinta di donarle la libertà, di sottrarla alla catena dell'asservimento di ogni donna ai modelli rappresentati dalla madre. È la consueta matrofobia lessinghiana: il desiderio di spezzare "l'incubo della ripetizione" e "interrompere il ciclo" di procreazione-accudimento-responsabilità domestica entro cui la donna è stata rinchiusa per secoli. Per la Lessing, tuttavia, la discriminazione femminile è solo uno dei problemi che si trovano all'"intersezione delle strutture multiple dell'oppressione". Martha reagisce aderendo al comunismo, che le prospetta una versione positiva del futuro. Il fato che sembrava governare la sua vita è sostituito dalla necessità storica dotata di senso.

In *A Ripple from the Storm* (1958), terzo romanzo della serie, Martha è presa dalla vita pubblica. Il suo privato affiora solo tramite la dimensione onirica. In un sogno, per esempio, un dinosauro le suggerisce sensazioni legate al *veld*, l'insopprimibile desiderio di integrazione alla natura. Ma persino il comunista che Martha sposa, Anton, vuole fare di lei una moglie convenzionale. Tra delusioni politiche e fallimenti sentimentali, Martha sente quindi di non essere e non poter mai essere niente. Sprofonda nell'apatia e nella paralisi.

Con *Landlocked* (1965), scritto quando la Lessing ha ormai aderito alla filosofia sufi, Martha persegue allora un'evoluzione interiore, spirituale, che dovrebbe d'altra parte favorire la crescita dell'umanità intera. Come sempre nella Lessing, è mediante il sogno o l'attraversamento della pazzia che il personaggio riceve un'illuminazione. Martha sogna di essere una casa con una dozzina di stanze che devono essere tenute separate. Il centro è disabitato. Sta aspettando un uomo che le consentirà di unificarle. Quest'uomo sarà Thomas Stern, un ebreo polacco, che ostenta un odio feroce per i nazisti.

Nell'episodio conclusivo della serie, *The Four-Gated-City* (1969), Martha è emigrata in Inghilterra. Vive presso i Coldridge, a Bloomsbury. Vaga per Londra creandosi diverse identità e biografie false a seconda degli incontri e delle situazioni. Una coscienza allertata da un regime di insonnia e digiuno e l'appagante relazione con Jack favoriscono il sorgere di alcune visioni: in una di esse, Martha s'immagina in un'età dell'oro pre-coscienziale, quando gli uomini vivevano in armonia con gli animali.

Torna il problema della maternità. Martha si pente di aver abbandonato Caroline. Alla morte della vecchia signora Quest, assume comunque il ruolo di madre accudendo i figli dei Coldridge. Sembra finalmente una "permanent person"[5]. Constata tuttavia l'assenza di un centro capace di tenere insieme le cose. La guerra fredda, il conflitto in Corea, il maccartismo in America, il feroce anticomunismo diffuso anche in Inghilterra, il passaggio di Mark Coldridge all'Unione Sovietica sconvolgono il mondo, la casa e le coscienze. Liberandosi delle proprie identità consunte, Martha si costruisce una personalità soddisfacente. Ha una visione della natura paradisiaca che le ricorda il *veld*, l'integrità. Avverte alberi e nuvole come emanazioni della propria personalità. Considera l'uomo un animale imperfettamente evoluto. Sviluppa la telepatia. Si avvicina alla pazzia di Lynda Coldridge come a qualcosa di affine alla sanità. Ma quando la casa dei Coldridge viene requisita e la famiglia si disintegra, Martha precipita di nuovo in una situazione di precarietà e incertezza. Siamo alle soglie del 1964. Il testo propone poi un'appendice che si sporge sino al 1997. Dopo una catastrofe nucleare, i sopravvissuti vagano in luoghi semideserti. Martha si trova su un'isola scozzese. Aiuta diversi bambini che hanno poteri parapsicologici simili ai suoi, esseri viventi a un livello superiore dell'evoluzione umana. Morendo, Martha si sente essa stessa una sorta di prototipo per razze future. Il futuro sembra appartenere al terzo mondo. L'imperialismo euro-americano è giunto al termine. Un bambino meticcio particolarmente dotato andrà dall'isola di Martha sino a Nairobi, presso Francis Coldridge, per fare il giardiniere. Esiste ancora la speranza di integrare la natura nella città. Alla fine della sua parabola, Martha sperimenta insomma la distruzione del mondo che prelude all'avvento della città delle quattro porte, la nuova Gerusalemme. Le speranze di

---

[5] D. Lessing, *The Four-Gated City*, Knopf, New York, p. 340.

palingenesi politica proprie della prima Lessing assumono ormai la forma di un'utopia spirituale, biologica e psicologico-identitaria, che sogna di trasformare la *polis* e il mondo a partire dalla persona e sin dai geni. Un gradino ulteriore del processo evolutivo di darwiniana memoria.

E veniamo al capolavoro della Lessing. *The Golden Notebook* (1962) è un romanzo paradossale. Quasi seicento pagine per parlare del blocco dello scrittore e per dirci, alla fine, che non si deve scrivere ma vivere. Ennesimo viaggio alla ricerca della propria identità, cui si perviene attraverso la pazzia (forte, in questo senso, l'influsso dell'antipsichiatria di Laing), il libro fu presto canonizzato come testo sacro del femminismo, esercitando un fascino paragonabile al *Secondo sesso* di Simone de Beauvoir e a *The Feminine Mystique* di Betty Friedan.

La storia, ambientata per lo più negli anni Cinquanta, ha come protagonista una donna di mezza età, Anna Freeman Wulf, la quale, come ribadisce il suo stesso cognome, intende vivere libera come un uomo. È un'intellettuale e scrittrice, autrice di un romanzo di ambientazione africana che ha avuto un certo successo. Abbandonata dal compagno, vive sola con il figlio e soffre di un blocco creativo. Sente che tutto sta andando a pezzi ("everything is cracking up")[6]. Tiene quattro taccuini in cui registra separatamente le circostanze della sua vita. Nel taccuino nero riconsidera gli eventi del proprio passato africano; nel taccuino rosso annota episodi concernenti la sua attività di militante comunista; nel taccuino giallo scrive una versione romanzesca delle sue esperienze; nel taccuino blu registra gli avvenimenti della propria vita in forma di diario. Il fatto che la sua esistenza sia compartimentalizzata nei quattro taccuini denota la scissione della protagonista in diverse personalità non comunicanti. Alla fine, però, le annotazioni prendono a fluire insensibilmente fuori posto; i criteri divisori vengono meno: il personale si mescola col politico, il finzionale con il diaristico. Anna riconosce che la divisione delle fasi esperienziali è impossibile quanto l'oggettività assoluta a lungo ricercata nell'arte. Decide quindi di rielaborare il proprio passato per crearsi una propria, coerente visione del mondo. Da qui inizia la ricostruzione della sua identità. Anna supera il blocco dello scrittore e comincia a scrivere un unico taccuino: il taccuino d'oro. Ad aiutarla

---

6 D. Lessing (1962) *The Golden Notebook*, Simon and Schuster, New York, p. 9.

a uscire dalla paralisi è una sorta di follia a coppia che coinvolge Saul, altro scrittore a sua volta raggelato dal blocco. I due finiscono per suggerirsi l'un l'altro l'*incipit* di un romanzo (quello di Anna si intitolerà *Free Women*).

Quando la Lessing definisce *The Golden Notebook* un "wordless statement" (una dichiarazione senza parole), intende sottolineare proprio l'importanza della componente strutturale del suo romanzo. La forma meccanica del testo parla tacitamente. Dalla divisione dell'esperienza in quattro taccuini si passa infatti alla ricostituzione dell'integrità della persona nel taccuino d'oro. A condurre la donna al collasso era stata anzitutto la sua rigidità: Anna è sempre la stessa ("always the same", *ibid.*, p. 14). Solo mediante la disponibilità ad accogliere l'esperienza della pluralità, della diversità e dell'apparentemente ostile, la scrittrice riuscirà a superare la propria crisi. Nel finale di *Free Women*, la protagonista del romanzo smette di scrivere per fare la consulente familiare e insegnare ai ragazzi disadattati. Diviene una sorta di Mittler goethiano, che lavora per l'unità sociale. Di nuovo non vige una logica *either/or*, ma la compossibilità di *and, and, and*. Niente contrapposizioni fra sanità o follia, realtà o sogno, fatto o finzione, politico o privato, maschio o femmina, scrivere/scriversi per salvare la propria integrità (come fa l'Anna autrice di *Free Women*) o rinunciare alla scrittura a favore dell'esperienza (come fa l'Anna protagonista del romanzo), ma ogni cosa insieme. Una soluzione possibile al "Need for wholeness, for an end to the split, divided, unsatisfactory way we all live" (*ibid.*, p. 142)[7].

Negli anni Settanta la Lessing esplora l'interiorità sotto l'influenza del pensiero sufi. È il periodo di *Briefing for a Descent into Hell* (1971), *The Summer Before the Dark* (1973) e *The Memoirs of a Survivor* (1974). L'onirico e l'animalità che pervadono questi testi insistono sulla vicinanza a mondi extrarazionali e sulla parentela extraspecifica dell'uomo come segni di partecipazione all'armonia universale. Non c'è, però, in questi libri, la consueta riconciliazione fra interno e esterno. C'è semmai il rifiuto della realtà esterna, che con la sua falsità ha fatto perdere agli uomini la dimensione trascendentale[8]. Come insegna la filosofia sufi e come già tentava

---

[7] "Bisogno di completezza, per porre fine al modo di vivere, separato, diviso, insoddisfacente, proprio di tutti noi."

[8] J. Pickering (1990) *Understanding Doris Lessing*, Columbia, University of South Carolina Press, p. 125.

Martha nel finale di *The Four-Gated City*, essi devono trascendere i limiti ordinari della propria umanità per evolversi spiritualmente.

Come anticipa il suo paratesto, *Briefing for a Descent into Hell* appartiene alla categoria dell'"inner space fiction – for there is never anywhere to go but in". La repressione delle disontogenie psichiche fa parte della strategia collettiva di eliminare le diversità in quanto perturbanti. Il protagonista della storia, Charles Watkins, filosofo dell'università di Cambridge, si sottopone invece all'elettroshock sperando che esso possa potenziare la propria vita psichica. S'immagina come una sorta di inviato divino reincarnato per portare il messaggio dell'armonia cosmica. Soffre di amnesia e di psicosi ossessiva nei riguardi dei viaggi in mare. Sogna combattimenti fra animali sulla piazza della città che vuole tenere sgombra per l'avvento dell'armonia.

Un Consesso Olimpico invia sulla terra emissari che devono aiutare l'umanità a evolversi "into an understanding of their individual selves as merely parts of a whole, first of all humanity, their own species", allo scopo di raggiungere "a conscious knowledge of humanity as part of Nature; plants, animals, birds, insects, reptiles, all these together making a small chord in the Cosmic Harmony"[9]. Charles s'inserisce in questa armonia cosmica percorrendo l'itinerario dalla crisi alla sanità passando per la follia.

Il tema della malattia psichica torna anche in *The Summer Before the Dark* (1973). La malata, Kate Brown, rientra in contatto con il proprio sé autentico grazie ai sogni. Anche per lei, come per Charles Watkins, un simbolo fondamentale di rigenerazione è il mare. Kate ha sacrificato una brillante carriera di studiosa sull'altare della vita domestica. Dopo venticinque anni di matrimonio, quando la famiglia è via per l'estate, la casa vuota le fa comprendere che il suo io si è dissolto insieme al proprio ruolo. La donna ha una crisi nervosa. Sogna di portare una foca malridotta verso il mare a nord, supplendo alla mancanza di cure della sua famiglia. La riconsegna al mare. Quando Kate torna alla propria vita, rifiuta di assumere le identità che gli altri vogliono per lei, anzitutto quella di matriarca.

---

[9] D. Lessing (1975) *Briefing for a Descent into Hell*, Knopf, New York, p. 129. Evolversi "sino a comprendere l'io individuale come mera parte del tutto, in primo luogo dell'umanità, la propria specie" allo scopo di raggiungere "una conoscenza consapevole dell'umanità come parte della Natura; piante, animali, uccelli, insetti, rettili, tutti insieme a formare una piccolo accordo entro l'Armonia Cosmica".

The Memoirs of a Survivor (1974) è una distopia fantascientifica. Nel futuro, in un mondo in cui tutti i sistemi sociali sono crollati, l'uomo è regredito all'inciviltà. In una Londra mai nominata, priva di comfort tecnologici (gas, elettricità, ecc.), si vive oramai di baratto, allevamento e agricoltura. Nomadi, ladri e cannibali infestano la metropoli decaduta. La sopravvissuta del titolo deve accudire una tredicenne, Emily. Allo stesso tempo, mantiene le meravigliose stanze che magicamente vede al di là di un muro; anche in questa dimensione metafisica accudisce una bambina di nome Emily. Il vero io della donna è connesso al trascendentale, a ciò che è al di là della parete. La casa al di là delle barriere diviene una foresta. La sopravvissuta avverte la presenza dell'Intero e infatti le due Emily si fondono. Le mura si dissolvono e i personaggi entrano in un altro mondo. La sopravvissuta, che in realtà era la Emily di là dal muro, recupera la trascendenza liberando il suo io infantile da una prigione inconscia.

Altro esempio di romanzo ciclo, dal 1979 al 1983 appaiono i cinque volumi di *Canopus in Argos: Archives*. È, questa, una Lessing ancora flagrantemente fantascientifica e, a tratti, lirica, che si diletta di parabole moralistiche o socio-politiche. L'uomo è cittadino di un universo deterministico, retto da un'ineluttabile tendenza all'armonia. L'unica scelta possibile concessa agli abitanti di questo cosmo è quella di opporsi all'armonia cosmica o seguire il flusso della marea trascendentale.

In *Re: Colonised Planet 5, Shikasta* (1979) una specie aliena si prende cura degli uomini. Il loro inviato riscrive la storia, il vecchio testamento, la teoria darwiniana, in linea con le necessità planetarie. La storia procede verso uno stato governato dai lavoratori. L'individuo si evolve secondo le proprie predisposizioni naturali. I giovani si evolveranno in esseri superiori, mentre lo sviluppo sarà sostenibile in base al decremento demografico. Si può esercitare il libero arbitrio solo fuggendo da Shikasta, la terra ideale, dove, nel finale del romanzo, si costruisce una città ormai prossima al cielo.

In *The Marriage Between Zones Three, Four and Five* (1980), le tre zone menzionate nel titolo sono sfere incassate l'una nell'altra. L'artigianato praticato nella Zona Tre ricorda l'Europa del Cinquecento; l'arte militare della Zona Quattro rimanda alla Roma Imperiale; l'organizzazione tribale della Zona Cinque richiama usanze dei barbari. Esseri superiori noti come *providers* cercano di contaminare queste zone per emendare il senso di insularità e autosufficienza dei loro abitanti. Allo scopo, i sovrani delle Zone Tre e Quattro si sposano. La regina della Zona Tre lascia poi il marito e attraversa le varie zone, come altrettante fasi di coscienza lungo il cammino della crescita spirituale. Alla fine del romanzo passare da una zona all'altra è divenuto comune: la nuova regola è il dinamismo, che completa e trascende l'armonia statica.

In *The Sirian Experiments* (1981) l'esigenza di completezza è icasticamente rappresentata dall'integrazione di giganti e insetti: "each perfection becomes its opposite"[10]. Gli esseri viventi sono ormai immortali, che perfezionano nel corso dei millenni la propria struttura spirituale. Chi non comprende le leggi dell'armonia, come il siriano Ambien (l'Occidente tecnologico e utilitarista), trova un maestro canopiano (Klorathy) che, come accade nella tradizione sufi, gli dà istruzioni ambigue, da decifrare. Come i pianeti di fantasia per i protagonisti del romanzo, la terra è per noi uno stadio imperfetto di evoluzione. Ciò che impone all'uomo anzitutto di promuovere la trascendenza di sé (tema al centro, peraltro, del successivo *The Making of the Representative for Planet 8*, 1982). Il bene comune si consegue, ribadisce l'ultimo episodio della serie (*Documents Relating to the Sentimental Agents in the Volyen Empire*, 1983), creando un'unità entro la quale non vada perduta la diversità di ciascuno.

Dopo questa parentesi fantascientifica, la Lessing torna al realismo. È il periodo di *The Diaries of Jane Somers* (1984), inizialmente pubblicati in forma anonima e clamorosamente ignorati dai critici; di *The Good Terrorist* (1985), *anti-Bildungsroman* la cui protagonista, incapace di connettere e ricordare[11], è smarrita fra utopia politica, terrorismo e cecità rispetto alla vita emotiva profonda, e di *Love Again* (1996), inverosimile storia d'amore di una sessantacinquenne indiavolata alle prese con uomini molto più giovani.

Nella produzione più recente si segnalano poi i romanzi grotteschi (*The Fifth Child*, 1988; *Ben, in the World*, 2000), che hanno per protagonista Ben Lovatt. Mostro deforme o elfo primitivo, costui è il leader di un gruppo di violenti sbandati metropolitani. La sua *horror story*, come la definisce la Lessing, esemplifica la perfetta antitesi dei valori sufi: violenza, rabbia, odio, disprezzo. Deforma-

---

[10] D. Lessing (1981) *The Sirian Experiments*, Knopf, New York, p. 145. "Ciascuna perfezione diviene il proprio opposto".

[11] G. Greene (1994) *The Poetics of Change*, Ann Arbor, University of Michigan Press, p. 27.

zioni timiche che devono essere ricondotte nell'alveo dell'armonia sociale se non si vuole che, come accade nella favola *fantasy Mara and Dann* (1999), la natura distrugga la civiltà e punisca gli uomini che non si preoccupano delle conseguenze delle proprie azioni.

Come si vede, la Lessing spazia volentieri fra gli estremi cronologici della nostra storia, dilatandola in utopie o distopie remote. Il recente *The Cleft* (2007), per esempio, riscrive per l'ennesima volta quella che Irving Howe chiama l'archeologia delle relazioni umane, negando il mito che vuole le donne create dalla costola dell'uomo. Al mito tradizionale, si sostituisce quello delle *Clefts* (fessure), donne che abitano una sorta di Eden acquatico, come razza partenogenica e autosufficiente. Il primo maschio che nasce è addirittura reputato un mostro e abbandonato come cibo alle aquile. Malgrado tanta ostilità nei loro confronti, i maschi si salvano grazie agli animali. E, come sempre nella Lessing, finiscono per partecipare all'armonia del tutto unendosi alle femmine.

Anche nella sua fase estrema, la narrativa della Lessing, sempre generosamente tesa all'integrazione delle diversità, persiste nella confutazione dei tre mali che, secondo Tzvetan Todorov, affliggono la letteratura contemporanea: formalismo, nichilismo e solipsismo.

Perché Leonid Hurwicz, Eric Maskin e Roger Myerson hanno vinto il Premio Nobel 2007 per l'economia?

di Nicola Meccheri*

Leonid Hurwicz   Eric Maskin   Roger Myerson

Il Premio Nobel per l'economia 2007 è stato assegnato a tre economisti americani, Leonid Hurwicz, Eric Maskin e Roger Myerson[1], con la seguente motivazione: "per aver posto le basi della teoria del disegno dei meccanismi". La *teoria del disegno dei meccanismi* assume oggi un ruolo di particolare importanza nella scienza economica, sia per quanto concerne i suoi aspetti più prettamente

* Desidero ringraziare Francesco Filippi, Nicola Giocoli e Mario Morroni per gli utili suggerimenti su una versione preliminare di questo lavoro che hanno contribuito notevolmente a migliorarne il contenuto e l'esposizione. Naturalmente soltanto mia rimane la responsabilità di eventuali omissioni o inesattezze.

[1] Leonid Hurwicz (nato a Mosca nel 1917) è attualmente *Regents Professor Emeritus of Economics* alla University of Minnesota; Eric S. Maskin (nato a New York nel 1950) è *Albert O. Hirschman Professor of Social Science* presso l'Institute of Advanced Study di Princeton University; Roger B. Myerson (nato a Boston nel 1951) è *Glen A. Lloyd Distinguished Service Professor* alla University of Chicago.

teorici, sia con riferimento alle sue numerose applicazioni nella vita economica e sociale; in ciò che segue ne sarà fornita una descrizione delle questioni teoriche essenziali e un'analisi di alcune delle applicazioni più rilevanti[2].

La teoria del disegno dei meccanismi: informazione, incentivi e istituzioni

Uno degli obiettivi fondamentali della scienza economica è quello di spiegare in che modo (o i *meccanismi* attraverso cui) le risorse scarse di un sistema economico sono destinate (o allocate) ai diversi usi possibili. In termini molto generali, possiamo identificare in un *meccanismo di allocazione* delle risorse un particolare *contesto istituzionale*. Nella realtà, le decisioni economiche di produzione e di scambio di beni avvengono in diversi contesti istituzionali. Alcune decisioni si basano esclusivamente sul mercato e sul meccanismo dei prezzi; altre seguono accordi negoziati contrattualmente; altre si realizzano all'interno delle imprese in base al principio dell'autorità gerarchica; altre, infine, sono il risultato di processi di natura collettiva e/o politica. Ognuno di questi contesti istituzionali può generare, ovviamente, una particolare allocazione delle risorse, diversa da quella che avrebbe prodotto un altro meccanismo. Altro rilevante compito della teoria economica è dunque quello di indicare in quali circostanze, e in che modo, certe istituzioni sono preferibili rispetto ad altre nel senso di consentire un migliore governo delle decisioni economiche e, conseguentemente, una più efficiente allocazione delle risorse disponibili nell'economia.

I modelli (micro)economici[3] più tradizionali concepiscono un unico meccanismo istituzionale di governo delle decisioni econo-

---

2 L'approccio che sarà seguito mira a presentare tali questioni a un pubblico di non specialisti dell'argomento, il che porta necessariamente a sacrificare in larga parte gli aspetti più tecnici della teoria (che peraltro vi giocano un ruolo di particolare rilevanza). Per un'analisi di tali aspetti, si rimanda il lettore interessato ai riferimenti bibliografici.

3 La microeconomia studia il comportamento degli agenti economici, i consumatori e le imprese, e come questi interagiscono tra loro nei mercati. La microeconomia si suole distinguere dalla macroeconomia la quale, invece, si occupa di come i comportamenti degli agenti si riflettono sull'andamento delle variabili rilevanti per quanto riguarda il funzionamento di un intero sistema economico (per esempio, il tasso di disoccupazione di un paese, il suo tasso di inflazione, ecc.).

miche costituito, appunto, dal sistema dei prezzi in un contesto di mercato impersonale. Il mercato è impersonale in quanto tutti gli agenti che vi operano (imprese e consumatori) fronteggiano lo stesso sistema dei prezzi e nessun operatore da solo è in grado di influenzare con le sue scelte tali prezzi. Nessun altro meccanismo istituzionale è concepibile in un tale scenario, in quanto è possibile dimostrare che l'allocazione delle risorse generata da tale sistema di mercato è quella più efficiente in senso assoluto[4].

Peraltro, alla base del sistema di mercato impersonale (e quindi alla base del risultato di efficienza a cui esso conduce) stanno importanti assunzioni, nella generalità dei casi poco realistiche. Una tra queste è che tutte le *informazioni* rilevanti per le decisioni degli agenti economici (pensiamo, per esempio, a quelle sulle caratteristiche qualitative dei beni da scambiare, cioè acquistare e vendere) siano disponibili senza costo per tutti coloro che operano nel mercato; ciò, ovviamente, non è quasi mai vero. In particolare, gran parte delle informazioni rilevanti si distribuisce in modo asimmetrico tra gli agenti e chi ha delle informazioni che altri non hanno cercherà di sfruttarle a proprio vantaggio: se comunicarle agli altri può andare contro al proprio interesse si eviterà di farlo o lo si farà in modo non veritiero (solo per fare un esempio, un venditore non comunicherà mai a un potenziale acquirente che la sua merce è di bassissima qualità, anche quando sa che è effettivamente così!)

Una volta riconosciuta l'importanza che la presenza di asimmetrie informative può svolgere nella realizzazione delle decisioni economiche, una nuova questione si pone nella definizione di un adeguato meccanismo istituzionale di governo delle transazioni. Esso, infatti, deve essere progettato in modo da creare adeguati *incentivi* affinché chi dispone di informazioni private abbia interesse a trasmetterle in modo veritiero agli altri, favorendo così decisioni più efficienti e la realizzazione di scambi mutuamente vantaggiosi. In tale prospettiva, la teoria del disegno dei meccanismi mira a for-

---

[4]   Tale risultato, individuato per primo già alla fine del '700 dall'economista scozzese Adam Smith e dimostrato in seguito analiticamente, è noto nella teoria economica come *primo teorema dell'economa del benessere* (o anche *teorema della mano invisibile*).

nire un quadro concettuale generale che consenta di rispondere a importanti questioni tra cui, *in primis*, la seguente: in un contesto caratterizzato dalla presenza di informazioni private, cioè di informazioni che solo alcuni agenti conoscono e che, naturalmente, non hanno convenienza a comunicare agli altri in modo veritiero, il mercato è sempre in grado di produrre l'allocazione delle risorse migliore (dal punto di vista dell'efficienza economica) in senso assoluto? Inoltre, se il mercato, in tale contesto, non consente di ottenere l'allocazione delle risorse ottimale in assoluto, rimane sempre il meccanismo preferibile? Più in generale, quale meccanismo istituzionale di allocazione delle risorse consente di ottenere il risultato migliore (non più in assoluto, ma adesso valutato rispetto agli altri) in circostanze diverse? E ancora, come devono essere progettati i meccanismi istituzionali per ottenere i risultati desiderati? Fornendo gli strumenti analitici per studiare e confrontare i risultati (in termini di allocazione delle risorse) prodotti da un'ampia classe di meccanismi istituzionali sotto assunzioni molto meno stringenti rispetto a quelle dei modelli economici tradizionali, la teoria del disegno dei meccanismi può consentire di rispondere esaurientemente, e in modo scientifico, a tutte queste domande.

Teoria: i concetti chiave

I lavori di Hurwicz segnano la nascita della teoria del disegno dei meccanismi. Nel suo lavoro originario, Hurwicz [1] analizza un gioco in cui coloro che vi partecipano (gli agenti) dispongono di informazioni private (per esempio, quanto si è disposti a pagare per la realizzazione di un progetto di pubblica utilità) che possono trasmettersi tra loro e/o a un'"autorità" centrale. L'esito del gioco dipende poi da una regola specificata prima della trasmissione delle informazioni, che consente di associare a ogni struttura delle informazioni effettivamente trasmesse un risultato finale per ciascun agente (l'allocazione finale). Un meccanismo, dunque, può essere interpretato come un *sistema di trasmissione delle informazioni* che, date certe assunzioni sulle preferenze degli agenti e sulle loro ipotesi circa il comportamento degli altri agenti, determina uno o più risultati finali, o equilibri del gioco[5]. Tale contesto teorico consente di formulare previsioni, giudizi e confronti sui risultati prodotti da un'ampia classe di meccanismi alternativi semplicemente sulla base degli equilibri del gioco a cui essi conducono. Tipicamente, prima del contributo di Hurwicz, la questione appena descritta sarebbe stata affrontata, sia da economisti che da studiosi di teorie organizzative, enfatizzando principalmente l'importanza assunta dai costi di comunicazione e di coordinamento tra gli agenti (e quindi studiando essenzialmente quale meccanismo consente di minimizzare tali costi). Viceversa, il punto centrale del gioco analizzato da Hurwicz concerne la convenienza per gli agenti a trasmettere in modo veritiero le informazioni private di cui dispongono; poiché gli agenti si comportano nel proprio interesse (in campo economico, per esempio, essi possono compiere le proprie scelte mirando a massimizzare un'utilità personale, se consumatori, o un profitto economico, se imprese), nulla garantisce *a priori* che sia effettivamente così. In particolare, gli agenti potrebbero avere interesse a comunicare strategicamente delle informazioni errate se ciò può consentire loro di migliorare individualmente il proprio risultato finale. A tal riguardo, in un lavoro successivo Hurwicz [2] introduce un concetto che diverrà poi centrale per tutta la teoria sul disegno dei meccanismi, quello di *compatibilità con gli incentivi* (*incentive-compatibility*). Un dato meccanismo è compatibile con gli incentivi (o incentivo-compatibile) se garantisce che ogni agente abbia interesse a scegliere la strategia di comunicare correttamente le informazioni private di cui dispone rispetto a tutte le altre strategie a disposizione (che prevedono la non trasmissione dell'informazione privata o una sua trasmissione non veritiera). Tenendo in considerazione tale requisito, inoltre, Hurwicz dimostra che, in situazioni piuttosto generali, non esiste alcun meccanismo incentivo-compatibile, a cui gli agenti parteci-

---

[5] Tecnicamente, per equilibrio del gioco si intende l'esito di una situazione in cui ciascun agente sceglie nel miglior modo possibile un'azione (o strategia) tra tutte quelle che ha a disposizione. A seconda dei casi, concetti di equilibrio rilevanti sono quelli di *equilibrio con strategie dominanti* (in cui esiste per ciascun giocatore una strategia ottimale che è la stessa indipendentemente dalle scelte fatte dagli altri giocatori), *equilibrio di Nash* (in cui la strategia prescelta da ciascun giocatore costituisce la sua migliore risposta alle scelte degli altri giocatori) e *equilibrio Bayes-Nash* (che costituisce un equilibrio di Nash per un gioco con informazione incompleta, in cui, cioè, i giocatori non conoscono perfettamente tutte le caratteristiche degli altri giocatori rilevanti per l'esito del gioco).

pino volontariamente, che sia in grado di produrre un risultato che soddisfi il requisito di *efficienza piena* (quello che gli economisti definiscono tecnicamente risultato di *first-best*); in altri termini, se si abbandona l'assunzione di informazione completa, l'allocazione prodotta dal meccanismo di mercato (così come da qualsiasi altro meccanismo) non è più la migliore allocazione possibile in senso assoluto[6].

Prendendo spunto dai risultati precedenti ben presto nuove questioni furono poste alla base della ricerca successiva. In particolare, se non è possibile raggiungere in alcun modo il risultato di piena efficienza, qualora si tenga conto della presenza di informazioni private e della necessità di introdurre adeguati meccanismi incentivanti per favorire la trasmissione di tali informazioni in modo veritiero, quali altri criteri è necessario considerare per definire il livello massimo di efficienza conseguibile? Inoltre, quali meccanismi istituzionali possono consentire, in concreto, di raggiungere tali risultati? Gran parte della ricerca che si è sviluppata in tale direzione si è basata sulla scoperta di un risultato teorico fondamentale, noto come *principio di rivelazione* (*revelation principle*). Sebbene la prima formulazione del principio di rivelazione si deve a Gibbard [5], la definizione di tale principio nella sua forma più generale si lega in larga parte ai lavori di Myerson (si vedano, in particolare, [6], [7] e [8]). Il principio di rivelazione[7] stabilisce che qualsiasi risultato di equilibrio prodotto da un meccanismo arbitrario, per quanto complesso, può essere replicato da un altro meccanismo, che appartiene a una sotto-classe particolare (quella definita dei *meccanismi diretti* (*direct mechanisms*)), che soddisfa il criterio di compatibilità degli incentivi, nel senso definito da Hurwicz (garantendo, quindi, che ogni agente abbia interesse a trasmettere correttamente l'informazione privata di cui dispone). In particolare, Myerson dimostra l'esistenza del principio di rivelazione in re-

---

6 I contributi di Hurwicz risultano anche di particolare rilievo in relazione al dibattito sviluppatosi a partire dalla prima metà del '900 sul cosiddetto *socialismo di mercato*. In particolare, essi chiariscono inequivocabilmente le maggiori debolezze del progetto, definito concettualmente dal *modello Lange-Lerner* (si vedano, in particolare, [3] e [4]), di replicare mediante un meccanismo centralizzato di allocazione delle risorse i risultati del sistema dei prezzi di mercato.

7 Come è fatto notare in un noto manuale di microeconomia ([9], p. 807), "Il principio di rivelazione è uno di quei concetti che risultano del tutto ovvi una volta compresi benché siano alquanto complicati da spiegare".

lazione a due distinte forme di asimmetria informativa. Quella che riguarda la presenza di informazioni private che gli agenti possono avere, per esempio, sulle proprie caratteristiche o preferenze individuali (*hidden information*), anche noto come caso di *selezione avversa* (*adverse selection*), e quella, invece, in cui l'asimmetria informativa concerne certe azioni o decisioni che gli agenti possono intraprendere e che gli altri non hanno la possibilità di osservare (*hidden action*), anche noto come caso di *azzardo morale* (*moral hazard*) (in questo secondo caso, il principio di rivelazione assicura che ciascun agente abbia convenienza a scegliere l'azione, o a prendere la decisione, stabilita in base agli accordi con gli altri agenti).

Il principio di rivelazione ha diverse implicazioni rilevanti: in primo luogo, dà la possibilità di concentrare l'attenzione solo sui meccanismi diretti e sui risultati che essi producono, dato che quelli generati da qualsiasi altro meccanismo possono essere sempre riprodotti tramite i primi; inoltre, può consentire di individuare l'allocazione ottima delle risorse (e quindi il livello massimo di efficienza conseguibile) in presenza di asimmetrie informative tramite la soluzione matematica del problema seguente: individuare il meccanismo diretto che massimizza una data funzione obiettivo di efficienza economica, sotto i vincoli di compatibilità con gli incentivi[8]; infine, sebbene un meccanismo diretto abbia poco a che fare con i meccanismi istituzionali realizzabili nella realtà, tramite un procedimento a ritroso, e conoscendo adesso l'allocazione ottimale generata dal meccanismo diretto, diventa più semplice individuare i meccanismi effettivamente realizzabili che consentono di ottenere (o di avvicinarsi il più possibile) a quella allocazione.

Sebbene il criterio di compatibilità con gli incentivi e il principio di rivelazione assicurino che, per ogni meccanismo, esiste un'allocazione di equilibrio in cui tutti gli agenti coinvolti rivelano correttamente l'informazione privata in loro possesso, essi non escludono la possibilità che un dato meccanismo possa generare, a seconda delle situazioni, differenti esiti o allocazioni di equilibrio,

---

[8] In realtà, insieme ai vincoli di compatibilità con gli incentivi, altri importanti vincoli devono essere imposti e soddisfatti per ogni agente. Si tratta dei cosiddetti *vincoli di partecipazione* che assicurano che ciascun agente abbia convenienza a partecipare all'accordo (al gioco) con gli altri agenti.

ognuno dei quali caratterizzato da un differente livello di efficienza economica. Problematiche di questo tipo, note nella letteratura economica come problemi di *molteplicità degli equilibri*, possono essere chiarite meglio con un rapido esempio. Ciascun cittadino ha delle proprie convinzioni sui candidati politici che meglio rappresentano le proprie preferenze (informazione privata). Peraltro, non sempre può avere la convenienza strategica a votare per chi meglio le rappresenta. Per esempio, se si diffonde la convinzione nell'elettorato che un certo candidato non riuscirà a vincere la competizione elettorale, anche chi preferisce quel candidato potrà avere convenienza a "non sprecare il suo voto" per qualcuno che non potrà mai vincere e magari destinarlo a qualche altro candidato (la "seconda scelta") con *chance* di vittoria (si tratta della cosiddetta questione del "voto utile"). La scelta di equilibrio di ciascun elettore, dunque, non è unica, ma può dipendere dal tipo di convinzione che si diffonde nell'elettorato. In presenza di situazioni di questo tipo, e di equilibri multipli che tali situazioni possono generare, una questione che sorge è la seguente: si può progettare un meccanismo istituzionale che garantisca che *tutte* le sue possibili allocazioni di equilibrio siano ottimali?[9] La prima risposta generale a tale questione è stata fornita da Maskin e la letteratura teorica che ne ha tratto origine, che costituisce oggi una parte fondamentale della teoria del disegno dei meccanismi, è nota come *teoria dell'implementazione* (*implementation theory*). In particolare, Maskin [10] definisce le condizioni, tra cui quella oggi comunemente nota come *condizione di monotonicità di Maskin*[10], per cui è possibile implementare un equilibrio, cioè le condizioni che assicurano, qualora siano soddisfatte, che tutte le allocazioni di equilibrio generate da un dato meccanismo siano ottimali dal punto di vista dell'efficienza economica[11].

---

[9] Questo interrogativo fu posto per la prima volta già da Hurwicz nel suo articolo del 1972 [2].

[10] La condizione di monotonicità di Maskin fu proposta dall'autore in un lavoro del 1977 e diventò presto famosa tra gli studiosi dell'argomento. Peraltro, il lavoro in questione [10] non fu pubblicato prima del 1999. Si veda qui in seguito un'applicazione di tale condizione.

[11] In [10] il problema dell'implementazione è analizzato con riferimento agli equilibri di Nash per giochi con informazione completa. La letteratura successiva ha esteso i risultati ottenuti anche al caso di equilibri Bayes-Nash per giochi con informazione incompleta (si veda, per esempio, [11]).

Esempi e applicazioni

In questa sezione saranno discussi alcuni esempi e applicazioni della teoria del disegno dei meccanismi. Oltre a illustrare l'importanza della teoria nella vita economica e sociale, essi consentiranno anche di chiarire meglio i concetti teorici descritti nella sezione precedente.

La compravendita di un quadro

Il primo semplice (ma molto generale) esempio concerne la compravendita di un bene tra due individui. In particolare, assumiamo che Matteo sia il potenziale acquirente e Letizia la proprietaria e potenziale venditrice di un quadro. Immaginiamo, inoltre, che Matteo dia al quadro un valore pari a $x = 100$ (ossia, Matteo non è disposto a spendere più di 100 € per il quadro), mentre Letizia attribuisce al quadro un valore pari a $y = 70$ (ossia, Letizia non è disposta a cedere il quadro per meno di 70 €). In tale situazione, poiché la valutazione del quadro da parte del compratore è maggiore di quella del venditore $(x > y)$, è socialmente efficiente che le parti realizzino la transazione. È chiaro, infatti, che a entrambe le parti conviene realizzare la transazione a un prezzo p compreso fra 70 € e 100 € $(y \leq p \leq x)$.

Consideriamo prima una situazione con informazione completa, cioè una situazione in cui entrambe le parti conoscono con precisione il valore attribuito al quadro dalla controparte. In tale contesto è semplice scegliere tra diverse regole di scambio (o meccanismi) che garantiscono che Matteo e Letizia raggiungano un accordo e scambino il quadro a un certo prezzo p. Per esempio, supponiamo che Letizia abbia la possibilità di fare un'offerta a Matteo del tipo "prendere o lasciare". Conoscendo l'effettiva valutazione del quadro da parte di Matteo, l'offerta ottimale per Letizia consisterà nel proporre a Matteo un prezzo pari a $p = 100$ (o, se si vuole, un prezzo marginalmente inferiore a 100, per esempio 99,99 €). Ovviamente Matteo, messo di fronte all'opzione "prendere" il quadro a 100 € o "lasciare", accetterà l'offerta e acquisterà il quadro a 100 €. Ovviamente, meccanismi diversi (per esempio, una procedura di contrattazione a offerte alternate, in cui ciascuna parte, di fronte a una proposta dell'altra, ha la possibilità di fare una propria controproposta) produrranno una *distribuzione* diversa del *surplus* derivante dallo scambio (che è pari alla differenza tra il prezzo massimo che Matteo è disposto a pagare per l'acquisto del quadro e quello minimo che Letizia è disposta a ricevere per venderlo, cioè $x - y$), che potrà dipendere da una pluralità di fattori (dall'abilità nella contrattazione delle parti, dalle rispettive alternative o, più in generale, dalle condizioni di mercato, dall'importanza attribuita da ciascuna al tempo perso per arrivare a un accordo, ecc.)[12], ma è chiaro che in un contesto con informazione completa le parti concluderanno positivamente la transazione.

Consideriamo, invece, adesso una situazione in cui le parti non conoscono l'effettiva valutazione del quadro della controparte. Adesso la certezza che lo scambio del quadro si realizzi ogniqualvolta è socialmente efficiente (cioè quando risulta $x \geq y$) non è più garantita. Per esempio, con una regola del tipo "prendere o lasciare", lo scambio si realizzerebbe con certezza solo se la parte chiamata a fare l'offerta proponesse un prezzo esattamente pari al valore che *essa* attribuisce al quadro. Ciò sarebbe equivalente a rivelare, con la propria offerta, alla controparte la propria effettiva valutazione dell'oggetto. Peraltro, questa strategia non è incentivo-compatibile, nel senso che se, per esempio, è Letizia la parte chiamata a fare la proposta, essa avrà sempre convenienza a fare un'offerta p superiore (entro certi limiti) alla propria valutazione y[13]. In tale circostanza, peraltro, se la differenza tra il prezzo massimo che Matteo è disposto a pagare e quello minimo che Le-

---

[12] Per esempio, se la possibilità di fare un'offerta "prendere o lasciare" l'avesse Matteo, lo scambio del quadro si realizzerebbe a un prezzo pari (o marginalmente superiore) a 70 €.

[13] Infatti, nel decidere se fare o meno un'offerta più elevata rispetto al valore che attribuisce al quadro, Letizia deve valutare due aspetti: da un lato, facendo un'offerta più elevata può ottenere un guadagno maggiore qualora Matteo decida di accettarla; d'altro lato, così facendo va incontro al rischio che tale offerta risulti superiore alla valutazione di Matteo (che rifiuterebbe quindi di concludere la transazione) con la conseguente perdita dell'opportunità di scambio. Quest'ultima possibilità, peraltro, è tanto maggiore, tanto più vicine sono tra loro le valutazioni del quadro da parte dei due contraenti, cioè tanto minore è il guadagno che Letizia potrebbe ottenere vendendo il quadro a Matteo. In altri termini, la perdita a cui Letizia può andare incontro proponendo a Matteo un prezzo più elevato della sua (di Letizia) valutazione è una perdita del *secondo ordine*, mentre il guadagno che può ottenere con tale strategia è del *primo ordine*. Ciò giustifica quindi la scelta di Letizia di proporre a Matteo un prezzo maggiore della sua valutazione del quadro.

tizia è disposta a ricevere, $x - y$, è sufficientemente bassa, potrebbe verificarsi che $p > x$, per cui lo scambio, benché socialmente efficiente, non andrebbe in porto (ovviamente considerazioni del tutto analoghe potrebbero essere fatte nel caso in cui la possibilità di fare un'offerta "prendere o lasciare" fosse riconosciuta a Matteo).

Questo risultato, in realtà, è piuttosto generale. In particolare, Laffont e Maskin [12] e Myerson e Satterthwaite [13] individuano le condizioni sotto le quali, nel caso di transazioni bilaterali, non esiste alcun meccanismo diretto, incentivo-compatibile, che assicura che lo scambio avvenga ogniqualvolta $x \geq y$. Di conseguenza, nessun altro meccanismo, quantunque complesso, può consentire di realizzare questo risultato. Più specificatamente, in [13], utilizzando il principio di rivelazione, si individua anche il massimo ammontare di *surplus* derivante dallo scambio che è possibile realizzare in presenza di informazione incompleta e asimmetrica[14] e si dimostra come un meccanismo decentralizzato di scambio del tipo *double auction* possa consentire di ottenere tale risultato[15]. Inoltre, poiché in contesti contrattuali quale quello appena descritto, è regola generale che ciascun soggetto conosca la propria informazione privata, ma non quella degli altri, si pone la questione di ridefinire in modo più appropriato il concetto di efficienza economica, dal momento che quello di efficienza piena (o *first-best*), proprio di un contesto con informazione completa, appare tutt'al più ancora utile come semplice *benchmark ideale*. A tal riguardo, Holmstrom e Myerson [14] propongono di adottare, come criterio di efficienza rilevante dal punto di vista normativo, quello che tiene conto della presenza dei vincoli di compatibilità degli incentivi e, per tale motivo, situazioni di questo tipo sono indicate in letteratura come *equilibri efficienti in senso incentivo-vincolato* o di *second best*.

---

[14] Tale *surplus* risulta ovviamente inferiore a quello conseguibile con informazione completa che è pari a $x - y$.

[15] Una *double auction* consiste in un meccanismo d'asta che richiede alle parti contraenti (il compratore e il venditore) di fare simultaneamente un'offerta di prezzo a cui scambiare il bene in questione. Nel caso in cui l'offerta fatta dal compratore risulti superiore a quella del venditore, il bene sarà scambiato a un prezzo intermedio (calcolato in base a una regola specificata prima delle offerte) rispetto a quelli proposti dai due contraenti.

La fornitura di beni pubblici e le procedure di voto

Uno dei casi più noti di "fallimento del mercato" riguarda la produzione dei cosiddetti *beni pubblici*. I beni pubblici sono quei beni (per esempio, la difesa nazionale, la riduzione dell'inquinamento ambientale, l'efficienza della burocrazia pubblica, la costruzione di un'infrastruttura) che presentano la caratteristica di *non rivalità nel consumo*, cioè per i quali il fatto che qualche individuo li "consumi" non impedisce che anche altri possano beneficiarne[16].

È noto ormai da tempo (si veda [15]) che il mercato può fallire nella produzione di questi beni, perché gli individui potrebbero non aver convenienza a rivelare correttamente la loro disponibilità a pagare per averli (informazione privata). Più specificatamente, gli individui potrebbero mostrare un minor interesse (rispetto a quello effettivo), e quindi una minore disponibilità a pagare, per questi beni, sperando che ci siano altri individui che contribuiranno al finanziamento della loro produzione. Poi, una volta che questi beni sono stati realizzati grazie principalmente al contributo degli altri, ognuno ne potrà beneficiare pienamente grazie alla caratteristica particolare di non rivalità nel consumo, che li caratterizza[17]. Ovviamente, però, se c'è un tale atteggiamento (noto in letteratura con il termine di *free-riding*) da parte di qualcuno o di molti individui (al limite anche tutti), il finanziamento, e quindi la quantità poi prodotta, del bene pubblico risulterà inferiore a quella socialmente ottimale.

La teoria del disegno di meccanismi fornisce una generalizzazione rigorosa del problema della fornitura dei beni pubblici individuato, per primo, da Samuelson. In particolare, Gibbard [5] e Satterthwaite [16] mostrano come, in contesti piuttosto generali, non esista alcun meccanismo, a cui gli individui partecipino volontariamente, finalizzato a decidere sull'allocazione di beni pubblici che non incentivi i partecipanti a manipolare strategicamente l'informazione privata (relativa alle proprie preferenze concernenti il

---

[16] Ciò non è vero per i cosiddetti beni privati. Per esempio, se io mangio un'arancia, ciò preclude a qualsiasi altro la possibilità di consumare la stessa arancia.

[17] Perché ciò sia vero a tutti gli effetti, è anche necessario che tali beni presentino la caratteristica di *non escludibilità*, cioè che sia tecnicamente impossibile o troppo oneroso escludere qualcuno (coloro che non hanno contribuito al finanziamento della loro produzione) dal consumo di tali beni. Per esempio, come è possibile discriminare tra tutti i cittadini di uno Stato, tra coloro che hanno diritto alla difesa nazionale e coloro che non lo hanno?

bene pubblico) di cui dispongono[18]. Più specificatamente, l'unico meccanismo "non manipolabile" è una *regola dittatoriale*, in base alla quale un unico individuo, il "dittatore", prende la decisione sulla produzione del bene pubblico che soddisfa esclusivamente le sue preferenze. Inoltre, escludendo la possibilità di conseguire allocazioni efficienti in presenza di beni pubblici tramite meccanismi a cui gli individui partecipano volontariamente, questo risultato, noto in letteratura come *teorema dell'impossibilità di Gibbard-Satterthwaite*, fornisce anche un'importante giustificazione teorica alla fornitura dei beni pubblici da parte del governo e al loro finanziamento tramite il ricorso all'imposizione fiscale.

Il teorema Gibbard-Satterthwaite ha importanti risvolti anche per quanto concerne la teoria delle scelte sociali (*social choice theory*) e, in particolare, le procedure di votazione. Esso implica, infatti, che quando si deve arrivare a una scelta univoca e le alternative sono almeno tre, *non esiste* alcuna regola di votazione, escluso quella del tutto *sui generis* di tipo dittatoriale, che non spinga i votanti a manipolare il proprio voto, cioè a votare (strategicamente) in modo diverso rispetto alle proprie effettive preferenze[19]. Per spiegare come questo può accadere, analizziamo il seguente semplice esempio. Consideriamo una comunità composta da tre soli individui, *a*, *b* e *c*, che debba decidere il proprio rappresentante in base alla *regola di maggioranza*: l'individuo che otterrà più voti sarà eletto rappresentante; nel caso, poi, tutti e tre gli individui ottengano un voto, si procederà a un'estrazione casuale dell'individuo che rappresenterà la comunità. Immaginiamo che l'ordinamento delle preferenze dei tre individui sia il seguente: per l'individuo *a* vale $a \succ b \succ c$ (si legge: l'individuo *a* preferisce se stesso all'individuo *b* e quest'ultimo all'individuo *c*); per l'individuo *b* vale $b \succ a \succ c$; per l'individuo *c* vale $c \succ b \succ a$ e, in particolare, immaginiamo che tale individuo sia decisamente contrario all'elezione dell'individuo *a* come proprio rappresentante, al punto che preferirebbe non essere eletto personalmente

---

[18] Sotto ipotesi più specifiche e restrittive di quelle considerate da Gibbard e Satterthwaite, esiste una particolare classe di meccanismi, noti in letteratura come *meccanismi Vickrey-Clarke-Groves*, che consentono di ottenere risultati più "incoraggianti" (si veda, per esempio, [17]).

[19] Analogamente al caso dei beni pubblici, la teoria del disegno dei meccanismi conferma in un contesto diverso (quello strategico) un risultato già noto nella teoria economica con il nome di *teorema dell'impossibilità di Arrow* [18], ottenuto nell'ambito della teoria assiomatica delle scelte sociali.

piuttosto che veder eletto l'individuo *a*. La questione che dunque si pone in tale situazione è la seguente: come dovrebbe votare l'individuo *c*? La risposta è, ovviamente, non per se stesso, ma per l'individuo *b*. In tal modo, infatti, l'individuo *b* sarebbe eletto con certezza (o meglio, dalla prospettiva di *c*, *a* non verrebbe eletto con certezza), mentre invece se *c* votasse per se stesso, rispettando il proprio ordinamento di preferenza, ci sarebbe comunque una probabilità positiva (pari a un 1/3) che *a* venga eletto.

Di fronte al "risultato di impossibilità" affermato dal teorema di Gibbard-Satterthwaite, l'analisi successiva si è concentrata sul cosiddetto *problema dell'implementazione*: è possibile costruire un meccanismo di votazione in cui tutti gli equilibri (nel senso di Nash) del "gioco" che si determina tra i votanti siano efficienti? In questa direzione il contributo di Maskin [10] è stato fondamentale per lo sviluppo di tutta la letteratura successiva. In particolare, esso individua la condizione necessaria (e in certi casi sufficiente) affinché sia possibile implementare un equilibrio, quella che oggi è comunemente nota come *condizione di monotonicità di Maskin*. Per comprendere meglio il senso di tale condizione, immaginiamo una situazione in cui le preferenze di una collettività di individui rispetto, per esempio, a una gamma di progetti pubblici da costruire possa dipendere da certe condizioni (dallo stato del mondo) che si verificano prima della votazione sul progetto da realizzare. Per esempio, tra tutte le diverse alternative, un certo individuo potrebbe preferire la costruzione di uno stadio di calcio a quella di una biblioteca, ma solo se la squadra di calcio locale viene promossa nella serie superiore (altrimenti collocherebbe nella sua "classifica" dei progetti pubblici la biblioteca prima dello stadio). In tale scenario, una regola di votazione soddisfa la condizione di monotonicità di Maskin se garantisce che un progetto pubblico che (in base a tale regola) viene prescelto e realizzato in corrispondenza di un certo stato del mondo e che non scende nella classifica delle preferenze di nessun votante in ogni altro stato del mondo possibile, continui a essere il progetto prescelto e realizzato qualora si verifichi un altro stato del mondo[20].

---

[20] È possibile dimostrare, per esempio, che la regola di maggioranza (*plurality rule*) non soddisfa la condizione di monotonicità di Maskin nel caso in cui le alternative siano più di due. Insieme a tale condizione principale, in [10] si individuano altre due condizioni che assumono rilievo per quanto concerne l'implementazione degli equilibri: quella che viene definita condizione di *no-veto power* e la presenza di almeno tre votanti.

Gli incentivi per i dipendenti all'interno delle imprese

Una dimensione particolare dell'informazione privata di cui gli agenti economici possono disporre concerne certe azioni o decisioni che essi sono chiamati a scegliere e che gli altri non hanno la possibilità di osservare (in certi casi tale possibilità sussiste, ma realizzarla può risultare eccessivamente costoso). In altri termini, è presente in questi casi una situazione con *azione nascosta* che può generare un problema noto in letteratura con il termine di *azzardo morale*. In sostanza, coloro che sono chiamati a scegliere l'azione o la decisione possono sfruttare il vantaggio informativo che hanno nei confronti degli altri per compiere delle scelte che li avvantaggiano individualmente, ma che determinano risultati peggiori dal punto di vista dell'efficienza complessiva del sistema. Un tipico esempio, tra i tanti, riguarda le scelte dei lavoratori (i manager, gli impiegati e gli operai) sul posto di lavoro. Per esempio, gli interessi personali dei manager di un'impresa, coloro che con le loro scelte ne determinano le sorti, non sempre sono perfettamente allineati con gli interessi dei proprietari dell'impresa, specialmente quando la proprietà è largamente frazionata tra molti individui (come, per esempio, nelle società per azioni). In particolare, i manager possono aver interesse a prendere delle decisioni che accrescono il loro prestigio personale, ma esiste un'ampia letteratura che suggerisce come tali scelte spesso determinano dei risultati d'impresa che non coincidono con quelli desiderati dai proprietari (per esempio, tali scelte possono produrre nel tempo un peggioramento dei profitti o del corso delle azioni dell'impresa). Analogamente, impiegati e operai potrebbero aver convenienza a ridurre il loro impegno sul posto di lavoro, perché impegnarsi (almeno oltre certi limiti ritenuti moralmente doverosi) è per loro fonte di fatica; un loro minor impegno, peraltro, può contribuire a peggiorare i risultati d'impresa. In tali situazioni, la domanda che si pone è la seguente: quando non è possibile, o troppo costoso, per i proprietari di un'impresa controllare attentamente le decisioni dei manager e l'impegno di impiegati e operai, come è possibile motivare i propri dipendenti a prendere le decisioni e a scegliere il livello di impegno da loro (i proprietari) desiderati?

Per rispondere a tale interrogativo, consideriamo due possibili alternative in relazione al contratto di lavoro che i proprietari dell'impresa possono offrire ai loro dipendenti. Una prima possibilità consiste nell'offrire un contratto che prevede il pagamento di una retribuzione fissa. In alternativa, l'imprenditore può offrire un contratto che stabilisce che tutta o parte della retribuzione del dipendente sia collegata, positivamente e in qualche forma, all'andamento dei risultati d'impresa a cui è interessato l'imprenditore: migliori sono i risultati d'impresa, più elevata è la retribuzione del dipendente. Ovviamente, la prima alternativa non è in grado di creare adeguati incentivi affinché i dipendenti perseguano gli obiettivi dei proprietari. Dal punto di vista del dipendente, infatti, se la mia retribuzione è del tutto "sganciata" dalle mie scelte, io avrò l'interesse a compiere quelle che mi avvantaggiano individualmente. Tecnicamente, un contratto del primo tipo (con retribuzione fissa) non è incentivo-compatibile. Viceversa, un contratto del secondo tipo (quello che in letteratura è indicato come *performance-related-pay*), se adeguatamente strutturato, può consentire di allineare gli incentivi dei dipendenti con quelli dei proprietari, cioè spingere i primi a compiere, adesso nel proprio interesse, le scelte desiderate dai secondi. Dal punto di vista del dipendente, infatti, se la mia retribuzione aumenta se mi impegno sul posto di lavoro e/o se prendo le decisioni che producono un miglioramento dei risultati d'impresa, sarà adesso mio interesse impegnarmi e/o prendere quelle decisioni. Così facendo, peraltro, mi comporto proprio in linea con quello che il mio datore di lavoro vorrebbe da me!

Chiarito questo aspetto, la letteratura è andata oltre. In particolare, sono state studiate situazioni più complesse, in cui accanto al problema dell'incentivazione si pone quello di garantire una migliore (o più efficiente) distribuzione del rischio tra le parti (il datore di lavoro e il dipendente). Collegando, infatti, la retribuzione del dipendente ai risultati d'impresa, si fa gravare sul dipendente anche il rischio legato al fatto che tali risultati dipenderanno, oltre che dalle sue decisioni e/o dal suo impegno, anche da molti altri fattori (per esempio, dall'andamento generale del mercato) su cui il dipendente, con le sue scelte, non è assolutamente in grado di incidere[21]. A tale riguardo, una questione sorge spontanea: se, come è molto ragionevole supporre, il datore di lavoro ha un atteggiamento più propenso ad accettare il rischio rispetto a quello dei suoi dipendenti (tecnicamente, il datore di lavoro è neutrale al rischio mentre i suoi dipendenti sono avversi al rischio), è sempre preferibile la *performance-related-pay* alla retribuzione fissa? Se da un lato, infatti, la prima fornisce, rispetto alla seconda, maggiori incentivi al dipendente, dall'altro, essa produce una distribuzione del rischio meno efficiente rispetto all'altra, in quanto lo fa gravare prevalentemente sulla parte (il dipendente) che è meno disposta ad accettarlo. Analizzando questa e molte altre questioni a essa correlate, la letteratura successiva ha consentito di approfondire molti aspetti e problematiche connessi all'introduzione degli incentivi per i dipendenti all'interno delle imprese e delle altre organizzazioni (per una rassegna su tali questioni, si veda [19]).

La regolamentazione dei monopoli e delle *public utilities*

La questione relativa alla regolamentazione di un impresa privata che opera in regime di monopolio o che è chiamata a fornire al governo determinati beni o servizi di pubblica utilità (*public utilities*), quali acqua, energia o trasporti locali, ha sempre rappresentato un argomento molto dibattuto nella teoria economica. Tale questione può essere analizzata come un gioco a informazione asimmetrica (si vedano, in particolare, [20] e [21]), in cui il regolatore (il governo) non ha la possibilità di osservare con precisione

---

[21] Formalmente, immaginiamo che la variabile a cui è interessato il datore di lavoro (per esempio, i profitti dell'impresa) sia data dalla seguente espressione: $\pi = e + \varepsilon$, dove e è la scelta dell'impegno controllata dal dipendente, mentre ε esprime l'insieme dei fattori che, insieme a e, incidono sui profitti dell'impresa π, ma che il dipendente non è in grado di controllare. Se l'impresa collega la retribuzione del dipendente alla realizzazione di π (in particolare, se stabilisce contrattualmente che la retribuzione del dipendente sia una funzione crescente in π) crea chiaramente degli incentivi per il dipendente a impegnarsi maggiormente sul posto di lavoro (aumentando il livello di impegno e, infatti, aumenta *ceteris paribus* il livello dei profitti dell'impresa e con essi anche la retribuzione del dipendente). Al tempo stesso, però, poiché i profitti dipendono anche dalla variabile ε, che il dipendente non può controllare, un contratto di questo tipo fa gravare necessariamente sul dipendente il rischio di fluttuazioni dei profitti (e con essi della sua retribuzione) che non dipendono dalle sue scelte circa il livello di impegno.

la tecnologia di produzione utilizzata dall'impresa e/o l'impegno (o le decisioni) del suo *management* nel ridurre i costi di produzione. In tali circostanze, una questione di particolare interesse è quella di individuare il meccanismo di regolamentazione ottimale che consenta di creare gli adeguati incentivi affinché l'impresa regolamentata abbia convenienza a rivelare correttamente la propria tecnologia e a prendere le decisioni più adeguate per ridurre i costi di produzione.

Un semplice esempio può contribuire a spiegare meglio la situazione. Immaginiamo un'impresa che deve fornire al governo un servizio di pubblica utilità e supponiamo che il costo che essa sostiene per produrre tale servizio sia pari a $c = \theta - e$, dove θ rappresenta un parametro tecnologico di efficienza, nel senso che tanto maggiore è θ tanto più costosa è la tecnologia di produzione dell'impresa, mentre e rappresenta il livello di impegno (o la decisione di investimento) scelto dal *management* dell'impresa per ridurre i costi, nel senso che tanto maggiore è l'impegno tanto minori sono i costi. Supponiamo che il governo abbia la possibilità di osservare i costi effettivi di produzione dell'impresa c, ma non conosca né θ, tipica variabile di selezione avversa, né e, tipica variabile di azzardo morale. In tale situazione, il governo deve stabilire un contratto per l'impresa in cui viene definito un trasferimento a favore di quest'ultima che remuneri il suo servizio di fornitura. Nella prospettiva del governo, tale contratto deve essere strutturato in modo tale da:

i)   spingere l'impresa a rivelare in modo veritiero il parametro θ;

ii) spingere il *management* dell'impresa a massimizzare l'impegno e per ridurre i costi.

In tale prospettiva, è possibile pensare a due differenti meccanismi contrattuali. Un primo contratto è quello attraverso cui il governo si impegna a concedere all'impresa un trasferimento del tipo *cost-plus*, ovvero di copertura del costo effettivo di offerta maggiorato di un premio fisso. In alternativa, il governo può adottare un contratto del tipo *fixed-price*, che prevede un trasferimento fisso condizionato all'informazione su θ trasmessa dall'impresa al governo (nel senso che, per convincere l'impresa ad accettare il contratto, più alta è l'informazione trasmessa in relazione a θ tanto più alto deve essere il trasferimento), ma indipendente dal costo effettivo. In realtà, nessuno dei suddetti contratti è in grado di rispondere a entrambe le esigenze, evidenziate sopra, contemporaneamente. In altri termini, la scelta del contratto ottimo dipende strettamente dall'importanza relativa attribuita dal governo al problema della rivelazione corretta di θ, piuttosto che alla scelta ottimale di e. Da un lato, infatti, il contratto *cost-plus* aumenta gli incentivi dell'impresa a rivelare correttamente la propria tecnologia (in quanto il trasferimento non dipende dal segnale trasmesso, ma solo dai costi effettivamente sostenuti), ma, al tempo stesso, riduce quelli ad aumentare l'impegno (poiché ridurre i costi con un maggior impegno si traduce in un trasferimento più basso dal governo). Dall'altro lato, invece, il contratto *fixed-price* aumenta gli incentivi per il *management* a esercitare un maggior impegno per ridurre i costi (in quanto, riducendo i costi, la differenza di cui si appropria l'impresa tra il trasferimento del governo e i costi di produzione aumenta), ma, al contempo, riduce gli incentivi a rivelare correttamente il parametro tecnologico (in quanto rivelando una tecnologia meno efficiente di quella effettiva è possibile ottenere un trasferimento più alto).

Molteplici sono stati gli sviluppi della letteratura successiva (si veda, per esempio, [22]). Di particolare interesse è stato quello di analizzare gli effetti derivanti dalla presenza di istituzioni intermedie tra il governo e l'impresa (per esempio, un'agenzia pubblica con funzioni di regolamentazione, vigilanza e controllo). In particolare, assumiamo, adesso, che il governo possa avvalersi di un'agenzia di controllo che si interpone tra esso e l'impresa con la funzione di acquisire maggiori informazioni sull'attività di quest'ultima e, in particolare, sull'effettivo valore del parametro θ. La presenza dell'agenzia, dunque, è giustificabile in relazione all'obiettivo del governo di ridurre l'asimmetria informativa concernente la tecnologia di produzione dell'impresa. Peraltro, tale presenza può produrre anche importanti implicazioni sulla scelta del contratto ottimale che il governo deve proporre all'impresa, in quanto si apre adesso anche la possibilità che l'impresa e l'agenzia si accordino di nascosto (colludano) tra loro a scapito del governo. Specificatamente, con un contratto *fixed-price* si apre la possibilità che l'impresa caratterizzata da un basso valore di θ colluda con l'agenzia affinché quest'ultima trasmetta al governo un segnale su θ più elevato di quello effettivo, in modo da ottenere un trasferimento maggiore. Dal canto suo, l'agenzia potrebbe aver convenienza ad accettare tale accordo in cambio di parte del *surplus* ottenuto dall'impresa per effetto del maggiore trasferimento. Conseguentemente, di fronte a tale rischio, il governo sarebbe meglio garantito da un contratto del tipo *cost-plus*. Tale contratto, che non dipende dal segnale trasmesso dall'agenzia al governo, lascia infatti assai poca discrezionalità all'agenzia per quanto concerne l'entità del trasferimento, riducendo così l'opportunità di comportamenti collusivi.

Conclusioni

La teoria del disegno dei meccanismi analizza come vanno progettate le istituzioni economiche e sociali per il conseguimento degli obiettivi desiderati. In questo lavoro è stata fornita una presentazione, per un pubblico di non specialisti dell'argomento, di quelli che sono i suoi aspetti teorici più salienti. Inoltre, sono state descritte alcune delle sue applicazioni più rilevanti: dall'analisi delle transazioni di compravendita a quella della fornitura dei beni pubblici e dei meccanismi di votazione, dallo studio degli incentivi retributivi all'interno delle imprese a quello dei meccanismi di regolamentazione. Numerose sono state le applicazioni ulteriori della teoria tra cui, ad esempio, il disegno ottimale delle procedure d'asta, quello delle regole di imposizione fiscale o di differenziazione della gamma di prodotti offerti sul mercato (*versioning*) e dei rispettivi prezzi per un'impresa privata che intenda massimizzare i propri ricavi di vendita. Il Premio Nobel a Hurwicz, Maskin e Myerson è dunque il riconoscimento a un filone di ricerca economica di estrema rilevanza, sia dal punto di vista teorico sia per quanto concerne le sue numerose applicazioni, che sta dimostrando a tutt'oggi tutta la sua vitalità.

Letture ulteriori

[1] L. Hurwicz (1960) Optimality and Informational Efficiency in Resource Allocation Processes, in: K.J. Arrow, S. Karlin e P. Suppes (eds) *Mathematical Methods in the Social Sciences*, Stanford University Press, Standford

[2] L. Hurwicz (1972) On Informationally Decentralized Systems, in: R. Radner e C.B. McGuire (eds) *Decision and Organization*, North Holland, Amsterdam, pp. 297–336

[3] O. Lange (1936) On the Economic Theory of Socialism, *Review of Economic Studies* 4, pp. 53–71

[4] A. Lerner (1944) *The Economics of Control*, Macmillan, New York

[5] A. Gibbard (1973) Manipulation of Voting Schemes: A General Result, *Econometrica* 41, pp. 587–602

[6] R.B. Myerson (1979) Incentive Compatibility and the Bargaining Problem, *Econometrica* 47, pp. 61–73

[7] R.B. Myerson (1982) Optimal Coordination Mechanisms in Generalized Principal-Agent Problems, *Journal of Mathematical Economics* 11, pp. 67–81

[8] R.B. Myerson (1986) Multistage Games with Communication, *Econometrica* 54, pp. 323–358

[9] D.M. Kreps (1993) *Corso di microeconomia*, il Mulino, Bologna

[10] E.S. Maskin (1999) Nash Equilibrium and Welfare Optimality, *Review of Economic Studies* 66, pp. 23–38

[11] M.O. Jackson (1991) Bayesian Implementation, *Econometrica* 59, pp. 461–477

[12] J.-J. Laffont e E.S. Maskin (1979) A Differentiable Approach to Expected Utility-Maximizing Mechanisms, in: J.-J. Laffont (ed.) *Aggregation and Revelation of Preferences*, North-Holland, Amsterdam

[13] R.B. Myerson e M. Satterthwaite (1983) Efficient Mechanisms for Bilateral Trading, *Journal of Economic Theory* 28, pp. 265–281

[14] B. Holmstrom e R.B. Myerson (1983) Efficient and Durable Decision Rules with Incomplete Information, *Econometrica* 51, pp. 1799–1819

[15] P. Samuelson (1954) The Pure Theory of Public Expenditure, *Review of Economics and Statistics* 36, pp. 387–389

[16] M. Satterthwaite (1975) Strategy-Proofness and Arrow's Conditions: Existence and Correspondence Theorems for Voting Procedures and Welfare Functions, *Journal of Economic Theory* 10, pp. 187–217

[17] E.H. Clarke (1971) Multipart Pricing of Public Goods, *Public Choice* 11, pp. 17–33

[18] K.J. Arrow (1951) *Social Choice and Individual Values*, Wiley, New York

[19] C. Prendergast (1999) The Provision of Incentives in Firms, *Journal of Economic Literature* 37, pp. 7–63

[20] D. Baron e R.B. Myerson (1982) Regulating a Monopolist with Unknown Costs, *Econometrica* 50, pp. 911–930

[21] D. Sappington (1982) Optimal Regulation of Research and Development Under Imperfect Information, *Bell Journal of Economics* 14, pp. 354–368

[22] J.-J. Laffont e J. Tirole (1993) *A Theory of Incentives in Procurement and Regulation*, MIT Press, Cambridge

Perché S.R.S. Varadhan ha vinto il Premio Abel 2007 per la matematica?

di Paolo Baldi

Srinivasa R.S. Varadhan

Introduzione: il Premio Abel

Il Premio Abel per il 2007 è stato assegnato al matematico indiano S.R.S. Varadhan.

Alfred Nobel istituì, a partire dal 1901, il premio che porta il suo nome per premiare personalità che avessero fatto grandi scoperte in vari campi della Scienza. Tra questi la matematica non venne considerata, probabilmente perché Nobel intendeva premiare scoperte che potessero significare un progresso con dei riflessi reali nella vita quotidiana e la matematica gli appariva una scienza troppo astratta.

Il Premio Abel è stato istituito nel 2003 per colmare questa la-cuna. In realtà la matematica al giorno d'oggi è una scienza che ha ricadute sempre maggiori sulla vita quotidiana. Questo premio viene conferito ogni anno dall'Accademia Norvegese delle Scien-ze e delle Lettere con modalità molto simili a quelle del Premio Nobel. Esso ha lo scopo

> ... to award an international prize for outstanding scientific work in the field of mathematics.

Cioè "... di assegnare un premio internazionale per una eccezio-nale produzione scientifica nel campo della matematica". Il primo a vincerlo, nel 2003, fu J.-P. Serre. In realtà nel passato c'erano stati dei matematici che avevano vinto il Premio Nobel ma, come dire, un po' di straforo. J.F. Nash, M.S. Scholes e R. Aumann sono mate-matici che vinsero il Nobel per l'Economia nel 1994, 1997 e 2005 rispettivamente.

Il premio è dedicato a Niels Henrik Abel (1802–1829), matema-tico norvegese morto giovanissimo di tubercolosi, noto per i suoi contributi fondamentali all'algebra e all'analisi matematica.

L'Accademia Norvegese delle Scienze e delle Lettere ha deciso di conferire il Premio Abel 2007 a S.R.S. Varadhan

> ... for his fundamental contributions to probability theory and in particular for creating a unified theory of large deviations.

Cioè "... per i suoi fondamentali contributi alla teoria della pro-babilità e in particolare per avere creato una teoria unificata delle grandi deviazioni".

La carriera scientifica di S.R.S. Varadhan è ricca di risultati im-portanti, anche se sicuramente il suo contributo fondamentale al-lo sviluppo della teoria delle Grandi Deviazioni costituisce l'ele-mento di maggior spicco.

Non è facile darne un'idea, anche perché non si tratta della so-luzione di una congettura famosa, di cui magari di tanto in tanto parlano i giornali, ma piuttosto dell'introduzione di tecniche nuo-ve che permettono di risolvere tanti problemi e di cui non è facile dare un'idea precisa a un lettore che non abbia una buona cultu-ra matematica. Per questo motivo concentreremo l'attenzione su alcuni esempi e sugli aspetti applicativi di questa teoria, che sono certamente più immediati da comprendere.

Grandi Deviazioni

L'esperienza quotidiana è ricca di situazioni in cui il comportamento di certe quantità d'interesse è casuale, ma ha comunque un comportamento "tipico". Ci si può chiedere allora quale sia la probabilità che il sistema si discosti, cioè abbia una *deviazione*, da questo comportamento tipico.

Supponiamo per esempio di lanciare una moneta (equilibrata) più volte e di contare quante volte viene testa. Dato che in un singolo lancio questo avviene con probabilità $\frac{1}{2}$, ci si può aspettare che grosso modo ciò accada la metà delle volte e che magari all'inizio ci possa essere una preponderanza di teste o di croci, ma poi questo venga compensato e insomma alla fine "poggi e buche fanno pari", come si dice.

Se indichiamo con X_k il risultato del k-esimo lancio (1 se viene testa, 0 se viene croce), allora il numero totale di teste in n lanci sarà uguale a $X_1 + \cdots + X_n$ e la proporzione di teste sarà

$$\overline{X}_n = \frac{1}{n}(X_1 + \cdots + X_n).$$

Un classico risultato di probabilità, la *Legge dei grandi numeri*, stabilisce che, se il numero n di lanci tende all'infinito, allora $\overline{X}_n$ tende a $\frac{1}{2} = 0.5$.

Questo vuole dire, in particolare, che se n tende all'infinito la probabilità che la proporzione di teste $\overline{X}_n$ sia più grande di, diciamo, 0.51, tende a 0.

Se vogliamo approfondire e valutare qual è la probabilità che la proporzione di teste $\overline{X}_n$ abbia uno scarto dal suo valore limite, dobbiamo cercare di vedere quanto velocemente $\overline{X}_n$ tenda a 0. Vedremo che spesso è importante saper rispondere a questa questione.

Questo problema venne affrontato negli anni '30 da due matematici svedesi, Esscher e Cramér.

Veramente loro non erano proprio interessati al problema dei lanci di monete. La *Legge dei grandi numeri*, in generale, stabilisce che se $X_1, X_2, \ldots$ sono repliche della stessa quantità casuale e sono indipendenti tra di loro (come succede per i lanci successivi di una moneta), allora

$$\overline{X}_n = \frac{1}{n}(X_1 + \cdots + X_n) \underset{n \to \infty}{\to} \text{valore medio di } X_k.$$

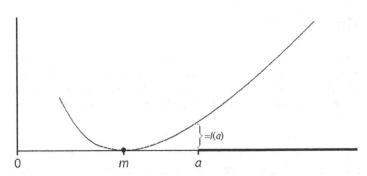

Fig. 1. Tipico esempio di funzionale d'azione (m è il valore medio delle X_k). Il funzionale d'azione I determina quanto va a 0 velocemente la probabilità che $\overline{X}_n$ sia $\geq a$

Per esempio, supponiamo che X_k rappresenti il guadagno netto che una compagnia di assicurazioni ottiene in una singola polizza. Con una certa, piccola, probabilità la compagnia deve pagare un indennizzo (e quindi X_k sarà negativo), altrimenti si limita a incassare il premio (e quindi X_k sarà positivo). La compagnia calcola il premio in modo da guadagnarci, in media, quindi il valore medio di X_k sarà strettamente positivo. In questo esempio $\overline{X}_n$ rappresenta quanto la compagnia guadagna in media dalle sue polizze e per la *Legge dei grandi numeri*, la probabilità che $\overline{X}_n$ sia negativa tende a 0 quando n (cioè il numero di polizze) tende all'infinito.

È facile però capire che è importante sapere quanto grande sia questa (piccola) probabilità, dato che si tratta della probabilità che la compagnia sia insolvente e quindi rischi di fallire.

I due matematici svedesi trovarono che, se valgono alcune ipotesi, che sono soddisfatte per esempio nel caso delle monete, se indichiamo con m la media delle quantità casuali X_k e se a è un numero più grande di m, allora la probabilità $P(\overline{X}_n \geq a)$ che la media $\overline{X}_n$ sia più grande di a decresce esponenzialmente a 0 e anzi, più precisamente,

$$P(\overline{X}_n \geq a) \approx e^{-nI(a)}$$

dove I è una certa funzione che dipende dal problema, che vale 0 in m e che invece è strettamente positiva altrove. Dunque più il numero $I(a)$ è grande e più veloce è la convergenza a 0.

Questa funzione *I*, che spesso si può calcolare in maniera esplicita (vedi per esempio la Fig. 2), si chiama *il funzionale d'azione* (*rate function*, in inglese).

Il simbolo $\approx$ nella formula precedente sta a indicare che all'incirca la probabilità a sinistra si comporta come indicato. È meglio in questo momento non dare un enunciato preciso, che ci confonderebbe con dei dettagli che invece vedremo più tardi.

In realtà Esscher e Cramér diedero solo una risposta parziale. Negli anni '50 i matematici russi continuarono lo studio, perfezionarono il risultato degli svedesi e affrontarono altre questioni simili.

Per esempio, Sanov studiò una versione multidimensionale del problema: supponiamo di lanciare un dado *n* volte e indichiamo con $\overline{X}_1(n), \ldots, \overline{X}_6(n)$ la proporzione di volte in cui compaiono rispettivamente l'uno, il due, ..., il sei. Allora il *vettore* $(\overline{X}_1(n), \ldots, \overline{X}_6(n))$, sempre per la *Legge dei grandi numeri*, deve convergere al vettore $(\frac{1}{6}, \ldots, \frac{1}{6})$, se il dado è equilibrato.

Come si può stimare la probabilità che $(\overline{X}_1(n), \ldots, \overline{X}_6(n))$ si trovi "lontano" dal suo limite $(\frac{1}{6}, \ldots, \frac{1}{6})$?

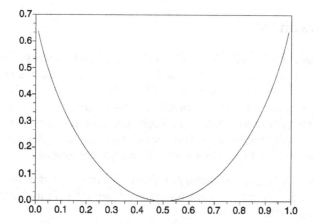

Fig. 2. Questo invece è il grafico del funzionale d'azione per il lancio della moneta: $I(x) = x \log(2x) + (1 - x) \log(2(1 - x))$. Qui $I(0.51) = 0.0002$ e dunque la probabilità che $\overline{X}_n$ sia più grande di 0.51 è $\approx e^{-0.002\,n}$

Fig. 3. S.R.S Varadhan

Qui quindi il problema si complica un po' dato che stiamo considerando delle quantità casuali in dimensione più grande di 1.

Varadhan

Come si vede, negli anni 1930–1960 c'è un certo interesse verso questo genere di questioni, ma di S.R.S. Varadhan nella nostra storia non c'è ancora nessuna traccia.

E d'altra parte la questione, per come è posta finora, anche se interessante, non è proprio di quelle per cui si possa meritare un premio prestigioso come il Premio Abel. È l'intervento di Varadhan a dare a questa problematica tutta un'altra dimensione.

– S. R. S. Varadhan (Raghu per gli amici) è nato a Madras (oggi la città ha cambiato nome e si chiama Chennai) nel sud dell'India nel 1940.

– Ottiene il suo diploma di *Bachelor of Science* al Presidency College nel 1959, sempre a Chennai, e il suo dottorato (Ph.D.) presso lo Indian Statistical Institute di Calcutta nel 1963. Si tratta di uno dei centri di ricerca più prestigiosi.

COMMUNICATIONS ON PURE AND APPLIED MATHEMATICS, VOL. XIX, 261-286 (1966)

Asymptotic Probabilities and Differential Equations*

S. R. S. VARADHAN

Indian Statistical Institute and Courant Institute of Mathematical Sciences

1. Recently Donsker [1] considered the behavior of the solution u_ε for the intial value problem

(1.1) $$u_t = uu_a + \frac{\varepsilon^2}{2} u_{xx} + p(x,t),$$

Fig. 4. Le prime righe dell'articolo del 1966

– Nel 1963 si trasferisce come studente *post-doc* al Courant Institute of Mathematical Sciences della New York University.

– Da allora è sempre rimasto al Courant Institute, diventando prima *Assistant Professor* e poi professore. Il Courant Institute è il dipartimento di cui fa parte anche P. Lax, vincitore del Premio Abel 2005.

Nel 1966 Varadhan ha quindi 26 anni. In questo anno pubblica un articolo che contiene la radice dell'invenzione della teoria delle Grandi Deviazioni.

In effetti, partendo dai risultati noti fino ad allora, dei russi e degli svedesi soprattutto, egli si rende conto che la *Legge dei grandi numeri* è solo un esempio di una situazione molto più generale che si verifica spesso in probabilità: quella di una successione (o di una famiglia) $(\overline{X}_n)_n$ di quantità casuali che converge verso un limite x_0 che invece non è casuale.

Proprio come succedeva per la successione delle frequenze di teste nei lanci di moneta, che era una quantità casuale e che convergeva a $x_0 = \frac{1}{2}$.

Varadhan propose uno schema generale, molto preciso, per questo genere di situazioni.

Egli suggerì che il comportamento del sistema risulti essenzialmente determinato da una funzione $I: E \to \mathbb{R} \cup \{+\infty\}$ che ha la proprietà che $I(x_0) = 0$ (x_0 è il valore limite) mentre $I(x) > 0$ per ogni $x \neq x_0$ e tale che, per la probabilità che $\overline{X}_n$ prenda dei valori in un insieme $A \subset E$ si abbia

$$P(\overline{X}_n \in A) \approx e^{-nI(A)}$$

dove $I(A) = \inf_{x \in A} I(x)$. Intuitivamente più il numero $I(x)$ è grande e più tenderà a essere piccola la probabilità che la quantità casuale $\overline{X}_n$ prenda valori vicino a x. Vedremo più avanti l'enunciato esatto, che è molto più preciso e contiene alcuni dettagli importanti da un punto di vista matematico.

Nell'articolo del 1966 vengono dimostrati dei risultati di Grandi Deviazioni e viene mostrato che lo schema proposto è quello naturale in varie situazioni. Ma sicuramente il contributo maggiore di quell'articolo era di avere introdotto, a partire dai risultati di Grandi Deviazione noti fino ad allora, uno schema generale al quale si possono ricondurre tante situazioni diverse.

L'avere proposto quello schema generale ebbe delle conseguenze molto rilevanti. Con esso veniva suggerito che in molte situazioni di quel tipo (una famiglia di quantità casuali che converge verso un limite deterministico) si presenti sempre la stessa situazione.

In questo modo situazioni anche molto diverse tra di loro (ne vedremo degli esempi) si trovano a essere inquadrate nello stesso schema teorico. Questo è uno degli aspetti in cui la matematica mostra la sua forza: ricondurre situazioni apparentemente diverse a una stessa situazione generale.

E del resto nell'articolo del '66 Varadhan riesce a dimostrare alcune proprietà importanti che valgono in generale per ogni situazione di Grandi Deviazioni.

Un principio di Grandi Deviazioni si può quindi vedere nel modo seguente:

- C'è un sistema che si comporta in maniera casuale, ma ha un "comportamento tipico".

- Una stima di Grandi Deviazioni fornisce una stima della probabilità che il sistema abbia una deviazione da questo comportamento tipico.

Negli anni successivi, a partire dagli anni '70, si è visto che lo schema di Grandi Deviazioni proposto da Varadhan è effettivamente quello giusto in molte situazioni diverse, spesso molto più complicate del lancio delle monete e comunque della *Legge dei grandi numeri* di Esscher e Cramér. Molti di questi risultati vennero trovati da Varadhan stesso, soprattutto in collaborazione con un altro grande matematico, M. Donsker.

Oltre tutto si vide che le tecniche dimostrative da un problema all'altro erano più o meno le stesse e facevano capo più o meno alla stesse idee: un altro vantaggio del fatto di avere unificato tutti i problemi di questo tipo sotto un unico schema.

Un esempio: il problema del tempo di occupazione

Vediamo alcune situazioni interessanti di Grandi Deviazioni. Consideriamo un moto casuale come nella Fig. 5. Si tratta del moto casuale di un mobile che si muove tra possibili valori $0, 1, \ldots, m$ (gli *stati*) con la regola che ogni secondo, diciamo, esso si sposta a destra di un passo con probabilità p, a sinistra di un passo con probabilità q e resta dove si trova con probabilità r. I tre numeri p, q, r sono naturalmente positivi e hanno somma uguale a 1.

Indichiamo con $Z_n(i)$ il numero di visite che il processo ha fatto nello stato i fino al tempo n e poniamo $\overline{X}_n(i) = \frac{1}{n} Z_n(i)$. $\overline{X}_n(i)$ è allora la proporzione di tempo, fino al passo n-esimo, che il mobile ha trascorso in i. È un vecchio risultato che, sotto opportune ipotesi, il vettore $(\overline{X}_n(0), \ldots, \overline{X}_n(m))$ converge a un vettore v, che si può anche calcolare esplicitamente (e che non dipende dal punto da cui si è partiti).

Questo tipo di comportamento si chiama *convergenza a stazionarietà*.

Questo è un esempio di quello che si chiama un *processo stocastico*. Si tratta di modelli di quantità casuali che si evolvono nel tempo. La realtà quotidiana è piena di situazioni che si possono

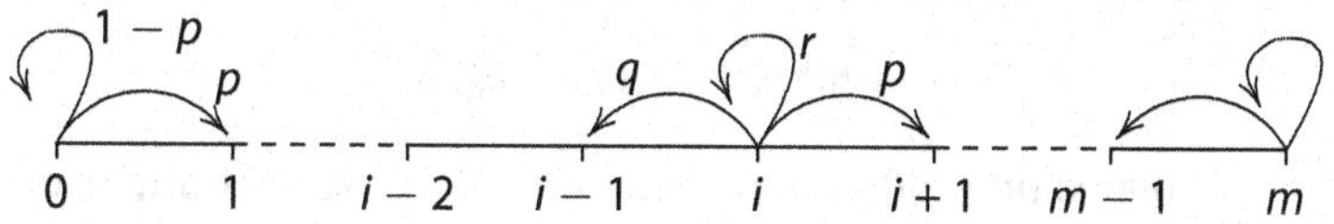

Fig. 5.

modellizzare con oggetti di questo tipo. Esempi si trovano un po' dappertutto, in biologia, in economia, in finanza, in chimica ...

In molte di queste situazioni si ritrova il comportamento indicato per il processo della figura precedente (la stazionarietà). Le stime di Grandi Deviazioni in questo caso sono uno strumento indispensabile per uno studio approfondito del comportamento asintotico del processo (cioè quando il tempo va all'infinito).

Ancora una volta le Grandi Deviazioni appaiono come un metodo per calcolare la probabilità che un sistema si discosti (faccia una deviazione) dal suo comportamento tipico.

In una serie di lavori in collaborazione con M. Donsker nell'arco degli anni '70 Varadhan studia le Grandi Deviazioni per il tempo d'occupazione (le $\overline{X}_n(i)$ di prima), affrontando situazioni sempre più complesse (molto più di quelle della figura) e affermando in questo modo la validità generale dello schema delle Grandi Deviazioni che aveva introdotto nel 1966.

I metodi di Grandi Deviazioni permisero tra l'altro a Donsker e Varadhan di risolvere problemi importanti, come la congettura di Pekar sul polarone, nelle fisica della teoria dei campi, e quella di Kac sulla cosiddetta salsiccia di Wiener.

In questi lavori vengono sviluppati molti concetti validi in generale nelle situazioni di Grandi Deviazioni e quest'ultima si afferma a poco a poco come una teoria generale e il suo campo d'applicazioni diviene sempre più vasto.

Esempio: piccole perturbazioni di un sistema dinamico

Un altro esempio di applicazione delle Grandi Deviazioni viene dallo studio di un problema completamente diverso.

A partire dal 1970 due matematici russi, M.I. Freidlin e A.D. Ventsel, studiarono quello che succede quando si ha un sistema perturbato da piccole perturbazioni casuali. Lo schema che si usa di solito è quello di una equazione del tipo

$$dX_t = b(X_t)dt + \varepsilon dB_t , \quad X_0 = x ,$$

che si chiama una *Equazione Differenziale Stocastica*. Si tratta di un oggetto matematico piuttosto complicato, ma di cui non è difficile afferrare il significato intuitivo.

Supponiamo, per esempio, di studiare il moto di un missile. Esso sarà essenzialmente determinato dall'equazione $f = ma$ della fisica. Questa si può esprimere dicendo che se indichiamo con $x_0(t)$ la posizione/velocità del missile al tempo t, allora, nell'intervallo di tempo infinitesimo dt, la quantità $x_0(t)$ subirà un incremento d$x_0(t)$ della forma

$$dx_0(t) = b(x_0(t))dt$$

dove la quantità $b(x_0(t))$ tiene conto delle forze (spinta del motore, forza di gravità, resistenza dell'aria) che agiscono sul missile.

Nella realtà però sul nostro missile agiscono anche altre forze non prevedibili (vento, anomalie magnetiche, polvere cosmica...). Per questo è opportuno aggiungere all'equazione precedente un "termine aleatorio", che tenga conto di questi fattori:

$$dx_t = b(x_t)dt + \sigma dB_t$$

Qui dB_t indica un incremento infinitesimo aleatorio che è possibile definire con precisione.

Situazioni del tipo del nostro ipotetico missile nella realtà ce ne sono molte. Basti pensare alle quotazioni degli effetti finanziari in borsa, ai prezzi delle materie prime, ... E del resto, nella realtà, per controllare il moto dei missili e dei satelliti, la NASA si rese presto conto che queste perturbazioni casuali non potevano essere trascurate. Anche se naturalmente erano da considerarsi "piccole".

E questo ci riporta alla questione di Grandi Deviazioni che c'interessa. Supponiamo quindi di studiare la soluzione di una Equazione Differenziale Stocastica

$$dX_t^\varepsilon = b(X_t^\varepsilon)dt + \varepsilon dB_t, \quad X_0^\varepsilon = x, \tag{1}$$

dove il coefficiente ε del termine stocastico tende a 0.

Intuitivamente, se l'intensità della perturbazione aleatoria diventa sempre più piccola, il sistema dovrebbe tendere a comportarsi come il sistema non perturbato, cioè come la soluzione dell'equazione

$$dx_0(t) = b(x_0(t))dt \tag{2}$$

e in effetti si può dimostrare che succede proprio così.

Siamo quindi proprio nella situazione prospettata da Varadhan: una famiglia di quantità aleatorie (le soluzioni dell'equazione (1) per ε più grande di 0) che convergono verso una quantità che non è aleatoria (la soluzione dell'equazione non perturbata (2)). È naturale quindi, e da un punto di vista applicativo molto importante, la questione delle Grandi Deviazioni. Qual è la probabilità che, per ε piccolo, il sistema (1) si trovi lontano dalla traiettoria del sistema non perturbato (2)?

Freidlin e Ventsel mostrarono che vale il *Principio delle grandi deviazioni* che Varadhan aveva suggerito nel 1966 e ne calcolarono il funzionale d'azione *I*.

Da notare che in questo caso le quantità casuali X^ε non sono altro che le traiettorie che il sistema "sceglie" di percorrere. Non si tratta più quindi di numeri. In questo caso la quantità casuale X^ε prende valori in uno spazio di traiettorie, che è di dimensione infinita. Da notare quindi come lo schema di Varadhan si adatta a situazioni completamente diverse. Siamo molto lontani dalla *Legge dei grandi numeri* di Esscher e Cramér...

Per chi sa un po' di matematica, il funzionale d'azione *I* qui è dato da

$$I(x) = \frac{1}{2} \int_0^1 |x(t) - b(x(t))|^2 dt$$

($I(x) = +\infty$ se *x* non è derivabile). Volendo stimare, per esempio, la probabilità che la traiettoria perturbata X^ε si trovi al tempo 1 a

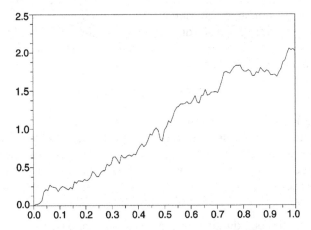

Fig. 6. Aspetto tipico dell'andamento del prezzo di un effetto finanziario. Anche se in questo caso il prezzo tende a crescere, sono comunque presenti importanti oscillazioni casuali

distanza più grande di, diciamo, 10 metri da quella non perturbata, si dovrà calcolare il minimo di I sull'insieme A delle traiettorie che hanno questa proprietà (di distare più di dieci metri da quella non perturbata al tempo 1). Ci si trova quindi con un problema di calcolo delle variazioni.

Un'altra applicazione: la teoria del rischio

Il calcolo della probabilità che un sistema si discosti dal suo comportamento tipico è diventata un argomento di particolare studio negli ultimi tempi per le sue applicazioni alla teoria del rischio.

Per esempio: qual è la probabilità che una compagnia di assicurazioni debba pagare così tanti indennizzi da trovarsi in situazione d'insolvenza? In media ogni polizza dovrebbe produrre un guadagno, quindi, se le cose vanno come tipicamente dovrebbero andare, questo non dovrebbe succedere.

Oppure: qual è la probabilità che in una rete di telecomunicazioni il traffico diventi così intenso che le linee sono sature? Anche qui la capacità della rete è stata determinata in previsione di condizioni di traffico normale (la situazione "tipica"). Ma può sempre

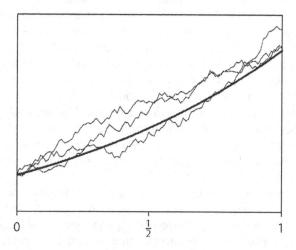

0        $\frac{1}{2}$ 1

Fig. 7. Esempio di un sistema perturbato. In evidenza la traiettoria senza perturbazione, con accanto tre traiettorie simulate con una piccola perturbazione

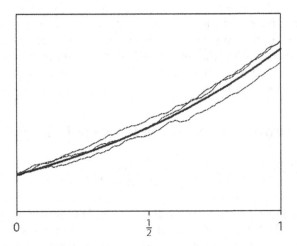

0       $\frac{1}{2}$ 1

Fig. 8. Lo stesso sistema perturbato della figura precedente, ma con un valore di ε più piccolo. Le traiettorie simulate tendono ora a stare molto più vicine a quella limite

succedere che la richiesta di traffico sia eccezionalmente superiore e che la rete sia satura. Quanto vale questa probabilità?

Come si può vedere, il verificarsi di questi eventi, che sono per fortuna tutti molto improbabili, è spesso associata al verificarsi di eventi catastrofici (la compagnia d'assicurazione fallisce, dati importanti vanno persi nella trasmissione, ...) ed è molto importante calcolarne la probabilità. È molto diverso sapere se un evento si verifica con probabilità 10^{-9} oppure 10^{-14}, anche se si tratta in entrambi i casi di probabilità piccolissime. E se una società che gestisce una rete di telecomunicazione deve scegliere tra due protocolli di trasmissione diversi, sicuramente essa sarebbe molto interessata a sapere per quale dei due la probabilità di saturazione è più piccola.

Le stime fornite dalla teoria delle Grandi Deviazioni sono molto grossolane per questo tipo di esigenze e, oltre tutto, di solito, sono solo asintotiche: valgono cioè per n grande, ma non si sa quanto grande debba essere. Però esse costituiscono spesso il primo passo nello studio della probabilità di questi eventi rari e le idee che sono state sviluppate nella teoria delle Grandi Deviazioni sono alla base delle tecniche che si usano per questo tipo di problemi.

Oltre tutto i metodi di Grandi Deviazioni possono anche servire per prevedere *come* l'evento raro si verificherà.

Grandi Deviazioni?

La teoria delle Grandi Deviazioni dal 1966 a oggi si è sviluppata tantissimo.

Sulle orme di Varadhan e degli altri che lo hanno seguito per primi su questo genere di problemi (Donsker, Freidlin, Ventsel) molti matematici ci hanno lavorato, soprattutto a partire dalla fine degli anni '70.

Più di duemila articoli scientifici sono apparsi sulle riviste di matematica con le parole *Large Deviations* nel titolo.

Una trentina di libri sono dedicati esclusivamente a questo argomento. E nessuno di questi è esaustivo, ma si concentra necessariamente solo su alcuni punti della teoria.

Ci sono delle ragioni che spiegano il successo di questa teoria:

1. le stime di Grandi Deviazioni sono abbastanza facili da ottenere. Si possono insegnare tranquillamente nel corso di Laurea in matematica, diciamo al IV–V anno;

2. si ottengono più o meno tutte con lo stesso tipo di ragionamenti (il vantaggio di una teoria unificata ...);

3. forniscono spesso lo strumento "giusto" per lo studio approfondito del comportamento asintotico di fenomeni casuali;

4. le applicazioni sono tantissime e nei campi più disparati. Oltre a quelle ad altri campi della matematica (alle equazioni differenziali, per esempio) il problema di stimare la probabilità di avere uno scostamento da quello che dovrebbe essere un comportamento tipico appare in una infinità di applicazioni. Statistica, assicurazioni, finanza, meccanica statistica sono solo alcuni degli esempi. Alcuni dei libri indicati prima si riferiscono esclusivamente ad applicazioni nel campo delle telecomunicazioni.

3. Let Ω be a regular topological space, and P_n a sequence of probability measures on Ω. The σ-field of subsets of Ω on which P_n is defined is assumed to include all open and closed subsets of Ω. Let a_n be a sequence of non-negative

276   S. R. S. VARADHAN

numbers such that

$$a_n \to \infty\,,$$

(3.1) $$\limsup_{n\to\infty} \frac{1}{a_n} \log P_n(C) \leqq -\inf_{z\in C} I(z)\,,$$

$$\liminf_{n\to\infty} \frac{1}{a_n} \log P_n(G) \geqq -\inf_{z\in G} I(z)\,,$$

where G is open in Ω and C is closed in Ω. $I(z)$ is assumed to have the following properties:

(i) $0 \leqq I(z) \leqq \infty$,

(ii) $I(z)$ is lower semicontinuous everywhere in Ω,

(iii) $[z:I(z) \leqq M]$ is a compact subset of Ω for every finite M.

Fig. 9. Ancora dall'articolo del 1966

Più precisamente

Forse è il caso di essere precisi e di vedere quale era la definizione esatta di Varadhan nell'articolo del 1966. Essa è riprodotta nella Fig. 9 come si presentava nell'articolo del 1966. La traduzione dice più o meno così:

Sia Ω uno spazio topologico regolare e P_n una successione di probabilità su Ω. Si suppone che la σ-algebra di sottoinsiemi di Ω su cui P_n è definita contenga gli aperti e i chiusi di Ω. Sia a_n una successione di numeri tali che

$$a_n \to \infty$$
$$\limsup_{n\to\infty} \frac{1}{n} \log P_n(C) \leqq -\inf_{z\in C} I(z)$$
$$\liminf_{n\to\infty} \frac{1}{n} \log P_n(G) \geqq -\inf_{z\in G} I(z) \quad\quad (3)$$

dove C è un chiuso di Ω e G è un aperto di Ω. $I(z)$ è supposta avere le seguenti proprietà:

(i) $0 \leq I(z) \leq \infty$

(ii) $I(z)$ è semicontinua superiormente su Ω

(iii) $[z; I(z) \leq M]$ è un sottoinsieme compatto di Ω

Come si vede si tratta di una definizione precisa e articolata, dove non tutto è comprensibile a chi non abbia un minimo di cultura matematica. $P_n(A)$ indica la probabilità di osservare dei valori della quantità casuale nell'insieme A. Le formule 3 affermano che per $n \to \infty$ i logaritmi di queste probabilità si comportano come $-n \inf_{x \in A} I(x)$ (I è il funzionale d'azione). Ma, più precisamente, si ha una maggiorazione quando A è di un certo tipo (è un *chiuso*) e una minorazione se è un *aperto*.

Grandi Deviazioni ma non solo

Nella motivazione del Premio Abel si menzionano "*fundamental contributions to probability theory*". Questi contributi non si limitano alle Grandi Deviazioni. Varadhan ha pubblicato finora circa 120 articoli sulle più importanti riviste di matematica. Tra questi alcuni, oltre a quelli che sono alla base della teoria delle Grandi Deviazioni, sono stati delle pietre miliari dello sviluppo del calcolo delle probabilità negli ultimi decenni. In particolare

– i risultati sull'esistenza e unicità delle soluzioni delle equazioni differenziali stocastiche, ottenuti con D. Stroock alla fine degli anni '60. Essi erano basati su una tecnica nuova, che osservava che questo problema era equivalente a un altro, il cosiddetto problema delle martingale. Tecnica questa che poi è stata riciclata da altri ricercatori in altri problemi di esistenza e unicità di soluzioni. Anche qui Varadhan, insieme a Stroock, non si è limitato a risolvere un problema, ma ha anche introdotto una tecnica nuova, utile in un ambito più generale;

– i risultati sul limite idrodinamico, a cui si è dedicato a partire dagli anni '80, in cui ha esteso e utilizzato la teoria delle Grandi Deviazioni. Anche qui ha introdotto delle idee nuove (il metodo di "guardare il mondo dal punto di vista di una particella"), che è stata poi utile anche in un altro campo di ricerca attuale, quello dei moti aleatori in ambiente aleatorio.

In conclusione S.R.S. Varadhan è un matematico che ha lasciato un'impronta profonda nello sviluppo del Calcolo delle probabilità della fine del secolo scorso. Egli non si è limitato a risolvere dei problemi difficili, ma è anche stato capace di sviluppare delle tecniche nuove che altri matematici hanno potuto adattare alla risoluzione di altri problemi.

Perché Frances E. Allen ha vinto il Premio Turing 2006* per l'informatica?

di Eugenio Moggi

Frances E. Allen

Cos' è il Premio Turing

Nel 1901, quando furono assegnati per la prima volta i premi Nobel, l'informatica non esisteva. Il Premio Turing (*Turing Award*) è stato istituito nel 1966 dalla *Association for Computing Machinery* (ACM), ed è considerato l'equivalente del Premio Nobel per l'informatica.

L'ACM è una associazione con sede centrale a New York, fondata nel 1947, anno in cui fu creato il primo calcolatore digitale a *programma memorizzato*. In base a quanto scritto sul sito web dell'ACM [1]:

---

* Il Premio Turing di un dato anno è assegnato l'anno successivo, per cui il Premio Turing 2006 è stato conferito nel 2007.

tica. Sin dal 1947 ha rappresentato un *forum* per lo scambio d'informazioni, idee e scoperte.

– Al giorno d'oggi ACM serve una comunità di associati, tipicamente costituita da professionisti e studenti, operanti in imprese, università e enti governativi distribuiti in più di cento nazioni.

– Lo scopo di ACM è di far progredire l'informatica sotto l'aspetto scientifico e professionale, favorendo lo studio, lo sviluppo, la costruzione e l'applicazione di macchine per il trattamento dell'informazione.

Tra i premi assegnati dalla ACM, il Premio Turing è il più prestigioso, ed è assegnato a individui selezionati per i loro contributi, che devono essere di persistente e notevole importanza tecnico-scientifica per il settore informatico.

Il Premio Turing include un finanziamento di 250.000 dollari (100.000 fino al 2006). Al contrario del Premio Nobel, tale finanziamento non deriva dal lascito di un ricco benefattore, ma dalla sponsorizzazione di enti o industrie del settore informatico. Attualmente gli sponsor sono *Intel Corporation* e *Google Inc.*

Il Premio Turing prende il nome dal matematico e logico inglese Alan Turing (1912–54), che negli anni '30 fu tra i fondatori della Teoria della Calcolabilità. In particolare, introdusse un *calcolatore ideale*, la "macchina di Turing", che forniva una definizione precisa e convincente di funzione calcolabile (su sequenze di caratteri). Turing fu anche un precursore dell'*Intelligenza Artificiale*. A lui si deve l'idea di "test di Turing" per verificare se una macchina può esibire un comportamento "intelligente" al pari di un essere umano. Maggiori informazioni su Alan Turing, i cui contributi e le cui idee visionarie non si limitarono all'informatica, si possono reperire in [9].

Se scorriamo la lista dei vincitori del Premio Turing su Wikipedia [12] vediamo che spesso le motivazioni per l'attribuzione del premio riguardano contributi dati nell'abito dei *linguaggi di programmazione* e/o *compilatori*:

1966 Alan J. Perlis: for his influence in the area of *advanced programming techniques* and *compiler construction*.

[1966 Alan J. Perlis: per la sua influenza nell'area delle *tecniche avanzate di programmazione* e di *costruzione di compilatori*]

2005 Peter Naur: for fundamental contributions to *programming language design* and the definition of Algol 60, to *compiler design*, and to the art and practice of computer programming.

[2005 Peter Naur: per contributi fondamentali alla *progettazione di linguaggi di programmazione* e la definizione di Algol 60, alla *progettazione di compilatori* e all'arte e alla pratica della programmazione]

2006 Frances E. Allen: for pioneering contributions to the theory and practice of optimizing compiler techniques that laid the foundation for modern *optimizing compilers* and *automatic parallel execution*.

[2006 Frances E. Allen: per i suoi contributi pioneristici alla teoria e alla pratica delle tecniche di compilazione ottimizzata che hanno fornito le basi per i moderni *compilatori ottimizzanti* e per l'*esecuzione parallela automatica*]

Come spiegheremo in seguito, non è accidentale questa insistenza sui *linguaggi* di programmazione e gli strumenti a essi collegati, quali i *compilatori* (detti anche traduttori). Infatti, essi si sono dimostrati essenziali per rendere i calcolatori versatili e fruibili anche da soggetti senza specifiche competenze informatiche.

Breve CV di Frances E. Allen

Le seguenti informazioni sono state riprese dalla biografia di Frances E. Allen pubblicata sul portale dell'ACM [2] e su Wikipedia [11]. Per avere un quadro più completo, con aneddoti e note personali, si consiglia la lettura dell'intervista rilasciata da Frances E. Allen nel 2003 [10].

1932 Nasce nello stato di New York.

1954 Ottiene un BSc in matematica dall'*Albany State Teachers College*. La sua intenzione era di diventare un'insegnante.

1957 Ottiene un MSc in matematica dalla *University of Michigan*.
Poco dopo inizia l'attività di insegnante, ma oberata dai de-
biti contratti per poter studiare, decide di andare a lavorare per qualche tempo all'IBM (presso il T.J. Watson Research Center), per poterli ripianare... Rimase all'IBM per 45 anni. L'IBM (*International Business Machines*) *Corporation* nel
settore informatico risulta essere:

- tra le maggiori "corporation", i suoi interessi vanno dal-
l'hardware alla consulenza ai clienti;
- la più longeva e quella detentrice di più brevetti;
- leader nel settore *mainframe*[1], e più di recente anche
nel settore dei supercomputer[2].

1957 All'inizio le viene assegnato il compito di insegnare il FOR-
TRAN a scienziati e ingegneri dell'IBM. Il FORTRAN (FORmula TRANslation) è il primo linguaggio di programmazione *ad
alto livello* di successo:

- nel 1954 all'IBM John Backus (Turing Award 1977) av-
via il progetto;
- nel 1957 viene distribuito il primo compilatore, ma è
accolto con scetticismo, sia per una certa inerzia men-
tale, sia perchè molti esperti (anche autorevoli come
Von Neumann) ritenevano che avrebbe generato del
codice eseguibile molto inefficiente;
- più recenti versioni del FORTRAN, e relativi compilatori, sono tuttora in uso per applicazioni scientifiche.

Essere entrata in IBM proprio quando veniva introdotto il
compilatore FORTRAN ha avuto un profondo impatto sulla carriera di Allen. Al contrario di suoi colleghi di maggiore esperienza non aveva pregiudizi verso i compilatori, anzi
doveva cercare di esaltarne i vantaggi.

Allen era quindi arrivata nel posto giusto al momento giusto per riconoscere prima di molti altri le potenzialità e le

---

[1] I mainframe sono calcolatori usati da grandi imprese o enti, che hanno bisogno
di garantire un servizio affidabile e continuato (per uso interno o per terzi), per
esempio banche, compagnie aeree.
[2] I supercomputer sono calcolatori in grado di risolvere problemi matematicamente complessi, per esempio previsioni meteorologiche, in tempi accettabili.

sfide poste dall'*High Performance Computing* (Calcolo ad Alte Prestazioni): fornire alte prestazioni, senza dover esporre l'architettura sottostante.

1966   Pubblica l'articolo *Program Optimization* [3], che getta le basi concettuali per l'analisi e la trasformazione sistematica dei programmi.

1970   Pubblica gli articoli *Control Flow Analysis* [4] e *A Basis for Program Optimization* [5], che forniscono il contesto per l'*analisi del flusso* e per avere *ottimizzazioni* eficienti ed eficaci.

1972   Pubblica con J.Cocke (Turing Award 1987) l'articolo *A Catalog of Optimizing Transformations* [8], che fornisce la prima descrizione sistematica delle trasformazioni ottimizzanti.

Successivamente Allen lavora a compilatori sperimentali [7], che dimostrano la fattibilità dei moderni *compilatori ottimizzanti*.

1984   Dirige il progetto PTRAN [6], che affronta le sfide poste dai calcolatori paralleli e sviluppa vari concetti (per esempio, *grafo delle dipendenze*) usati in molti *compilatori parallelizzanti*.

1995   Diviene presidente della *IBM Academy of Technology*, una struttura interna che fornisce consulenza tecnica all'IBM.

2002   Va in pensione dopo 45 anni di attività, con molte soddisfazioni e qualche "delusione" per alcune scelte "manageriali" da lei non condivise (vedi [10]). L'ultimo ruolo ricoperto all'IBM è *Senior Technical Advisor del Research Vice-President per Soluzioni, Applicazioni e Servizi*.

Tra i riconoscimenti ricevuti da Allen i più significativi sono:

- 1989 prima donna a essere nominata *IBM Fellow*;
- 2006 prima donna a vincere la *Turing Award*.

Nel 2000 IBM crea la *Frances E. Allen Women in Technology Mentoring Award*, per premiare quelle donne che si sono distinte non solo per i loro contributi, ma anche per aver favorito una maggiore partecipazione femminile nei settori tecnologici.

Compilatori Ottimizzanti

Il Premio Turing 2006 è stato assegnato a France E. Allen per i contributi pioneristici alla teoria e alla pratica delle tecniche di ottimizzazione che forniscono i fondamenti per i moderni *compilatori ottimizzanti* e *parallelizzanti.*

Questi contributi hanno notevolmente migliorato le prestazione dei programmi per calcolatori nel risolvere problemi, e hanno accellerato l'uso del calcolo ad alte prestazioni. In questa sezione si spiegherà cosa sono i compilatori ottimizzanti. Per fare ciò partiremo dalla distinzione tra hardware e software, per poi parlare di: linguaggi di programmazione, interpreti (e macchine virtuali) e compilatori (detti anche traduttori).

Hardware e Software

In modo molto semplificato, possiamo dire che in un calcolatore, e più in generale in un sistema informatico:

– l'*hardware* (HW) è quella parte che si può prendere a calci;

– il *software* (SW) è quella parte contro cui si può solo imprecare.

Facendo un parallelo con un essere umano, l'hardware corrisponde alle parti anatomiche, mentre il software corrisponde al pensiero e alla memoria. Dal punto di vista economico, la diffusione dei calcolatori ha portato a una *rivoluzione informatica*, il cui impatto è confrontabile con quello della *rivoluzione industriale*. Nella rivoluzione industriale la novità è costituita dall'hardware (HW), per esempio il telaio meccanico

$$Input \longrightarrow \boxed{HW} \longrightarrow Output$$

che permette di realizzare un processo di trasformazione (di materiale grezzo in manufatti) senza richiedere competenze artigianali specifiche. Inoltre, la sostituzione della forza umana o animale con nuove forme di energia, permette di ottenere un considerevole aumento di produttività.

Nella rivoluzione informatica la novità è costituita dal software

$$Input \longrightarrow \boxed{HW+SW} \longrightarrow Output$$

che permette di modificare, cambiando il solo software (SW), il processo di trasformazione realizzato dalla combinazione HW+SW. Si ottiene così un considerevole aumento di flessibilità, poichè il software e l'informazione digitale hanno caratteristiche peculiari diverse da quelle di materia ed energia:

- non si usurano/consumano con l'uso;
- sono duplicabili e trasferibili a costo quasi nullo.

Linguaggi, Interpreti e Compilatori

In un calcolatore a *programma memorizzato* il software può essere identificato con i programmi, cioè informazioni che dicono cosa deve fare l'hardware. Più in astratto i programmi sono *descrizioni* in un opportuno linguaggio formale.

- Un linguaggio di programmazione *L*, definisce in modo preciso un insieme di programmi sintatticamente corretti (in logica matematica si definiscono in modo analogo insiemi di asserzioni ben formate).

- Dato un programma sintatticamente corretto *P* nel linguaggio *L*, il suo significato $[\![P]\!]_L$, è una funzione (dall'insieme dei possibili input a quello dei possibili output), che descrive l'effetto della trasformazione

$$in \longrightarrow \boxed{HW+P} \longrightarrow out$$

ottenuta *eseguendo P* su un calcolatore (HW) in grado di *capire* il linguaggio *L*. In questo caso si parla di *semantica input-output*.

In genere i calcolatori non operano direttamente su entità materiali, bensì su informazioni (dati). Nella stessa maniera il cervello di un essere umano manipola informazioni provenienti dai nostri apparati sensoriali (dati di input) per generare informazioni dirette ai muscoli o altri organi (dati di output).

I programmi si possono classificare in due grosse categorie

- I *programmi applicativi*, che risolvono *problemi reali*, per esempio:
  - le previsioni meteo per domani

- il calcolo degli interessi sui c/c di una banca per il mese corrente
- la visualizzazione di una immagine ecografica
- l'analisi strutturale (del modello matematico) di un edificio.

– I programmi che migliorano la *produttività* di chi sviluppa programmi (applicativi). Infatti, i programmi sono informazioni, e quindi possono essere trattati come dati (di input o di output) per altri programmi.

Esempi tipici di programmi che manipolano altri programmi sono

– un *interprete* P_{int} per L_1 scritto in L_0, cioè

$$[\![P_{int}]\!]_{L_0}(P_1, in) = [\![P_1]\!]_{L_1}(in)$$

ovvero $[\![P_{int}]\!]_{L_0}$ si comporta come un calcolatore che capisce L_1.

– un *compilatore* P_{comp} da L_1 a L_2 scritto in L_0, cioè

$$[\![[\![P_{comp}]\!]_{L_0}(P_1)]\!]_{L_2}(in) = [\![P_1]\!]_{L_1}(in)$$

ovvero $[\![P_{comp}]\!]L_0$ traduce un programma P_1 nel linguaggio L_1 in un programma P_2 nel linguaggio L_2 con lo *stesso* significato di P_1.

Per l'interprete P_{int} e il compilatore P_{comp} il programma P_1 è un dato di input. Intuitivamente, un interprete si comporta come un traduttore in simultanea, ovvero quello che viene tradotto è immediatamente eseguito, mentre un compilatore si comporta come un traduttore di un libro P_1, ovvero la traduzione P_2 può essere letta (ed eseguita) più volte e da lettori diversi.

– Se si usa la traduzione P_2 *molte volte*, conviene fare una *buona* traduzione.

– La *correttezza*, cioè $[\![P_2]\!]_{L_2} = [\![P_1]\!]_{L_1}$, è la proprietà che caratterizza un compilatore.

- Potremo dire che un compilatore è *ottimizzante*, se P_2 è il *migliore* tra i programmi P nel linguaggio L_2 tali che $[\![P]\!]_{L_2} = [\![P_1]\!]_{L_1}$.

La precedente definizione di compilatore ottimizzante è matematicamente sensata, ma purtroppo la teoria della calcolabilità ci dice che non esistono compilatori ottimizzanti per linguaggi di programmazione sufficientemente espressivi. Più precisamente, anche se esiste una funzione che manda ogni P_1 nella sua migliore traduzione P_2, tale funzione non è *calcolabile*. Perciò dobbiamo ripiegare su un criterio empirico per definire un compilatore *ottimizzante*, per esempio

produce risultati *confrontabili* a quelli di un programmatore esperto.

Quindi la realizzazione di un compilatore ottimizzante diventa un problema ingegneristico, in cui si deve trovare un compromesso tra la *complessità* del compilatore e la *bontà* del suo output.
I linguaggi di programmazione possono essere classificati secondo vari criteri. Per i nostri scopi, cioè spiegare cosa è un compilatore ottimizzante, il criterio più appropriato è quello basato sul *livello di astrazione* rispetto all'hardware:

alto livello (utente) $\rightarrow$ intermedio $\rightarrow$ basso livello (hardware)

I linguaggi ad alto livello astraggono dall'hardware utilizzato per eseguirli (o mediante un interprete o dopo traduzione). Essi permettono di descrive e risolvere problemi con un formalismo molto simile a quello che userebbe un matematico o un esperto. Per questa ragione i programmi scritti in questi linguaggi vengono detti *specifiche eseguibili*. Esempi di linguaggi ad alto livello sono:

- I linguaggi funzionali. Un esempio di programma funzionale è

$$\text{let} \quad f_1(\overline{x}_1) = e_1$$
$$\ldots$$
$$f_n(\overline{x}_n) = e_n$$
$$\text{in} \quad e$$

esso *valuta* l'espressione e nel contesto di una dichiarazione locale[3] di funzioni f_j. La sintassi delle espressioni è specificata dalla

---

3 Una dichiarazione, per esempio $x = e$, permette di usare il nome x al posto dell'espressione e. In una dichiarazione locale, (let $x = e$ in e'), solo all'interno di e' si può usare x al posto di e.

seguente *definizione induttiva* (che copre tutti i possibili casi):

$e ::= x$ nome di variabile

     | $f(\bar{e})$ funzione f applicata alla sequenza
di espressioni $\bar{e}$

     | let . . . in e espressione e valutata in una dichiarazione
locale . . . di variabili $x_j = e_j$ e/o di funzioni
$f_k(\bar{x}_k) = e_k$

Il primo linguaggio funzionale è stato il LISP, introdotto alla fine
degli anni '50 come un linguaggio interpretato.

- I linguaggi logici. Un esempio di programma logico è

$$\begin{aligned}
axioms \quad & a(x,y) \Leftarrow p(x,y) \\
& a(x,z) \Leftarrow a(x,y) \wedge a(y,z) \\
& p(adamo, abele) . . . \\
query \quad & \{x \mid a(adamo, x)\}
\end{aligned}$$

esso *genera* tutti gli individui n tali che l'*istanza* $a(adamo, n)$ è
consequenza logica degli *assiomi condizionali*. Se $p(x,y)$ viene
interpretato da "x è il padre di y", allora gli assiomi condizionali dicono che $a(x,y)$ vuol dire "x è antenato di y". Quindi il
programma logico ci restituisce tutti i discendenti di *adamo*. Il
primo linguaggio logico è stato il PROLOG, introdotto all'inizio
degli anni '70.

- I linguaggi d'interrogazione per basi di dati[4]. In questo settore
vi è uno standard di fatto, ovvero il linguaggio SQL, introdotto nel 1974 e successivamente esteso. Il seguente esempio di
interrogazione SQL

SELECT nome, cognome FROM Impiegati
WHERE salario > 1000

specifica l'insieme di coppie $\{(i.n, i.c) \mid i \in$ Impiegati e $i.s >$
1000$\}$ dove $i.n$ ($i.c$ e $i.s$) indica il nome (cognome e salario) del-
l'impiegato i.

---

[4] Le basi di dati sono grandi raccolte di dati omogenei, per esempio le informazioni tenute dall'ufficio anagrafe di un comune.

I Linguaggi intermedi astraggono dall'hardware, ma non sono pensati per essere usati direttamente dagli utenti. Essenzialmente un programma in un linguaggio intermedio è una *struttura dati* facilmente manipolabile da altri programmi (per esempio un interprete). Un esempio di linguaggio intermedio (in cui si traducono i linguaggi funzionali) è quello dei grafi annotati con *supercombinatori*. Per esempio, il programma funzionale let $x = f(1, 2)$ in $g(x, x)$ verrebbe tradotto nel *grafo*

In tale grafo si dimentica il nome x della definizione locale. Inoltre, questo grafo può essere *valutato* da macchine virtuali che effettuano in modo efficiente la *riduzione dei grafi*. Per esempio, se f fosse la funzione somma e g quella prodotto, una tale macchina effettuerebbe le seguenti riduzioni:

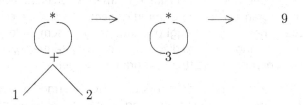

I linguaggi a basso livello sono interpretabili dall'hardware o direttamente (linguaggio macchina) o dopo una semplice traduzione (linguaggio *assembler*). Un tale linguaggio è strettamente legato a un particolare calcolatore, per esempio in esso sono visibili i registri e le istruzioni eseguibili dall'unità centrale (in gergo tecnico CPU).

Concludiamo descrivendo la struttura di un compilatore otti-mizzante:

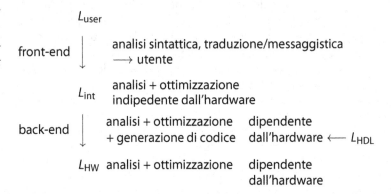

L_{user}

front-end   analisi sintattica, traduzione/messaggistica → utente

L_{int} analisi + ottimizzazione indipedente dall'hardware

back-end   analisi + ottimizzazione   dipendente
+ generazione di codice   dall'hardware ← L_{HDL}

L_{HW} analisi + ottimizzazione   dipendente
dall'hardware

Tipicamente un compilatore è composto di due parti:

- Il *front-end*, che prende in input un *programma sorgente*, scrit-to nel linguaggio ad alto livello L_{user}, ed eventualmente delle direttive per la compilazione (per esempio quelle relative alle ottimizzazioni) e genera del *codice intermedio* in un linguaggio L_{int}.

  Il front-end può anche fallire, tipicamente perchè ha ricevuto un programma sorgente *sintatticamente sbagliato*, e comun-que genera dei messaggi per l'utente, per esempio le ragio-ni che hanno impedito di generare codice intermedio, o degli avvisi di possibili *difetti* del programma sorgente.

- Il *back-end*, che prende in input il codice intermedio e genera del *codice oggetto*, in un linguaggio a basso livello L_{HW}, mirato a un particolare calcolatore.

  In genere si è interessati a tradurre il programma sorgente in una pluralità di linguaggi macchina. Quindi il *back-end* ha bi-sogno di un'altro input, che identifichi il *linguaggio target* del-la compilazione ed eventuali caratteristiche dell'hardware che eseguirà il programma oggetto. Tale input non è altro che una espressione in un opportuno linguaggio L_{HDL} (per la descrizio-ne dell'hardware).

In certi casi si vuole generare solo codice intermedio, che sarà suc-cessivamente interpretato. Nel descrivere la struttura di un compilatore abbiamo indicato i punti in cui è possibile effettuare delle ottimizzazioni:

- è possibile trasformare il codice intermedio rimanendo nel linguaggio L_{int}; queste ottimizzazioni possono essere pensate come funzioni da L_{int} a L_{int}, e perciò possono essere composte;
- il *back-end* può sfruttare la descrizione dell'hardware (nel linguaggio L_{HDL}) per effettuare ottimizzazioni in fase di generazione del codice oggetto;
- infine è possibile trasformare il codice oggetto rimanendo nel linguaggio L_{HW} (analogamente a quanto fatto a livello di codice intermedio).

Allen è stata tra i pionieri dei compilatori ottimizzanti, dando importanti contributi sia alle tecniche di ottimizzazione indipendenti dall'hardware, sia a quelle per generare codice che sfruttasse le caratteristiche dei calcolatori paralleli.

Perle di Saggezza

Riportiamo alcuni brani presi da una intervista rilasciata da Frances E. Allen nel 2003 [10]. Essi contengono interessanti considerazioni basate sulla esperienza pluriennale di Allen. In seguito, per apprezzare l'attualità delle sue considerazioni, riportiamo anche alcuni estratti di recenti articoli attinenti al *multicore computing*[5], considerato una delle nuove *grandi sfide* per l'informatica.

Per ogni brano estratto da [10] indichiamo un titolo e la pagina da cui è preso. Ogni brano è riportato in inglese, con i passi più significativi evidenziati in grassetto. Dopo ogni brano è riportata la traduzione in italiano ed eventualmente dei commenti.

- Linguaggi Domain-Specific (pag 13)
  [In 1960] I ended up being the liaison with National Security Agency on the language that we were designing with them, which was **a language for code breaking which was a terrific match for the - AR⊠EST machine that allowed the cryptologists to express their solutions in a very, very high level form.**

---

5 Si tratta di computer dove un unico chip contiene più CPU. Quindi in futuro un multicore computer delle dimensioni di un PC potrà avere la potenza di calcolo di un supercomputer.

[Nel 1960] ero la persona di collegamento con la National Security Agency per il linguaggio che stavamo progettando con
loro, che era **un linguaggio per la decifrazione in accoppiata
perfetta con il calcolatore HARVEST che permetteva ai crit-
tologhi di esprimere le loro soluzioni in una forma molto
ad livello.**

– Compromessi tra hardware e software (pag 20)
*I ended up understanding so much about **the hardware and
software trade-offs,** because, as a result of our experience with STRETCH, in the ACS project [1961–62], **we built the compiler before the machine, in order to be able to design the
machine.***

Sono riuscita a capire così tanto sugli **scambi tra hardware e
software,** poiché, a seguito della nostra esperienza con STRET-
CH, nel progetto ACS [1961–62], **costruimmo il compilatore
prima del calcolatore, allo scopo di essere in grado di progettare il calcolatore.**

Occorre distinguere tra miglioramenti incrementali, che si possono portare avanti in modo indipendente, e discontinuità
prodotte da nuove tecnologie o nuove applicazioni, che richiedono un ripensamento globale. Solo in progetti di punta
(come ACS) si considerano soluzioni globali, in cui sia l'hardware che il software sono parametri modificabili. Nella maggior parte dei progetti (anche di ricerca) si hanno molti più
vincoli.

– Compilatori (pag 21)
*[Compilers] **have to be considered at the same time, or ahead
of time, because it really is ultimately how the performance
gets delivered** [...] We've lost a lot of that.*

[I compilatori] **devono essere considerati in contemporanea, o in anticipo, poiché è solo così che si ottengono le
prestazioni** [...] Si è perso molto di questo.

La specializzazione delle competenze, e considerazioni di carattere economico limitano notevolmente la fattibilità di un *so-*

luzione integrale in cui hardware e software (in questo caso i compilatori) vengono co-progettati.

- Meta-compilatori (pag 26)
  *I got involved with something called **experimental compiling system**. [...] use the **compiler technology to make compiler writing easier**.*

  Fui coinvolta in qualcosa chiamato **sistema di compilazione sperimentale**. [...] usare **la tecnologia dei compilatori per rendere più facile produrre compilatori**.

- Il fine ultimo (pag 26–27; questo passaggio identifica molto chiaramente quello che dovrebbe essere un obbiettivo strategico per l'informatica.)
  *My goal – a goal I've not achieved – is **to support languages that are useful by the application writer**. Useful by the physicist, useful by the person who is solving a problem, and have **a language [...] that is natural for the way that person thinks about the problem and the way the person want to express the problem**...*

  That's what I've always felt was the ultimate role of compilers: to hide all the details of the hardware in the system, still exploit it, but hide that from users, so that they can get on with solving their problem and being comfortable with the results that they were getting, in terms of performance and cost time, and everything else. We've taken a bad direction in languages and compilers.

  *What I wanted to do with the experiment on the compiler system, was to **build a system that would allow compilers to be built for automated, for multiple kind of source languages, or for multiple target machines**.*

  Il mio scopo – che non ho raggiunto – è **di supportare linguaggi che siano utili per chi sviluppa applicazioni**. Utili per il fisico o la persona che sta risolvendo un problema, e avere **un linguaggio** [...] **che sia naturale per il modo in cui quella persona pensa relativamente al problema e per il modo in cui vuole esprimere il problema**...

Questo è ciò che ho sempre pensato fosse il fine ultimo dei compilatori: nascondere tutti i dettagli dell'hardware nel sistema, allo stesso tempo poterlo sfruttare, ma nascondere ciò agli utenti, in modo che essi possano risolvere il loro problema e essere sicuri dei risultati ottenuti, in termini di prestazioni e costi, e ogni altra cosa. Abbiamo preso una brutta direzione nel campo dei linguaggi e dei compilatori.

Quello che volevo fare con il sistema di compilazione sperimentale, era di **costruire un sistema che permettesse di costruire compilatori in modo automatizzato, per una pluralità di linguaggi sorgente, o per una pluralità di calcolatori.**

- Parallelismo (pag 29)
  We got into parallelism as a compiler problem [...] *I had a PTRAN group, a fantastic group of young people* [...] ***The work was a huge stack of papers, which had vast influence on the direction of the field.***

Abbiamo affrontato il parallelismo come un problema di compilazione [...] Ho avuto un gruppo PTRAN, un gruppo fantastico di giovani [...] **Il lavoro ha prodotto un enorme mole di articoli, che hanno avuto una grande influenza sulla direzione presa dal settore.**

Riportiamo alcuni estratti di tre articoli del Marzo 2008 presi dalla rassegna stampa *ACM TechNews* (vedi sito web dell'ACM [1]). Tutti gli articoli sono attinenti al *multicore computing*, un tema di grande attualità e che pone una serie di nuove sfide. Per esempio, Dana S. Scott (Professore Emerito di Informatica, filosofia e Logica Matematica alla Carnegie Mellon University) nel suo discorso per la *EATCS Award 2007* identifica il *multicore computing* come la prossima grande sfida per l'Informatica teorica. Infatti, i *multicore computer* rischiano di rimanere sottoutilizzati, se non si co-progettano hardware e software (linguaggi e applicazioni). Per ciascun articolo riportiamo il titolo, dove e quando è stato pubblicato, ed i brani più significativi in relazione alle considerazioni riprese dall'intervista di Allen. Dopo ogni brano è riportata la traduzione in Italiano.

Researchers Ready System to Explore Parallel Computing *(EE Times – 13/03/08).*

Researchers at the Univ. of California, Berkeley are nearly finished building the Berkeley Emulation Engine version 3 (BEE3), an **FPGA-based computer that could help researchers find a parallel programming model for advanced multicore processors.** BEE3 is intended to help researchers quickly prototype processors with hundreds or thousands of cores and find new ways to program them [...] **The system is the centerpiece of the Research Accelerator for Multiple Processors (RAMP) program**, a collaborative effort involving Berkeley, Microsoft, Intel, and five other U.S. universities, including MIT and Stanford...

I ricercatori all'Università della California a Berkeley hanno quasi completato la costruzione dell'emulatore Berkeley versione 3 (BEE3), **un calcolatore basato su FPGA**[6] **che potrebbe aiutare i ricercatori a trovare un modello per la programmazione parallela per processori** *multicore* **avanzati.** BEE3 dovrebbe aiutare i ricercatori a realizzare rapidamente prototipi di processori con centinaia o migliaia di *core* e trovare nuovi modi per programmarli [...] **Il sistema è la componente centrale del programma RAMP**, un progetto collaborativo che coinvolge Berkeley, Microsoft, Intel, e cinque altre università americane, incluse MIT e Stanford...

Industry Giants Try to Break Computing's Dead End *(New York Times – 19/03/08).*

Intel and Microsoft yesterday announced that they will provide 20 million USD over five years to two groups of university researchers that will work to design a new generation of computing systems. **The goal is to prevent the industry from coming to a dead end that would halt decades of performance increases in computers** *[...]* Each lab will work to

---

6 FPGA è l'acronimo di Field Programmable Gate Array, si tratta di dispositivi digitali le cui funzionalità sono programmabili via software.

reinvent computing by developing hardware, software, and a new generation of applications powered by computer chips containing multiple processors. The research effort is partially motivated by an increasing sense that **the industry is in a crisis because advanced parallel software has failed to emerge quickly.** The problem is that software needed to keep dozens of processors busy simultaneously does not exist...

Ieri Intel e Microsoft hanno annunciato che offriranno 20 milioni di dollari in cinque anni a due gruppi di ricercatori universitari che lavoreranno alla progettazione di una nuova generazione di sistemi di calcolo. **Lo scopo è di impedire all'industria [informatica] di finire in un vicolo cieco che arresti decenni di aumenti nelle prestazioni dei calcolatori** [...] Ogni laboratorio lavorerà per **reinventare l'informatica attraverso lo sviluppo di hardware, software, e una nuova generazione di applicazioni realizzate con chip contenenti una molteplicità di processori.** Lo sforzo di ricerca è in parte motivato da una crescente sensazione che **l'industria è in una crisi perché non si è avuta un rapido emergere di software parallelo avanzato.** Il problema è che non esiste del software capace di sfruttare simultaneamente dozzine di processori...

Making Parallel Programming Synonymous with Programming (HPC Wire – 21/03/08).

Academic experts are engaged in efforts to **transform mainstream programming by forcing multiple processing units to cooperate on the performance of a single task,** which is being funded by Intel and Microsoft [...] Leading academic teams will focus on **developing an effective methodology for multicore processor programming** [...] The UC center's software work concentrates on two different layers [...] The productivity layer will employ **abstractions to conceal much of the complexity of parallel programming,** while the efficiency layer will allow experts to **retrieve the details for maximum performance.**

Esperti accademici sono impegnati in sforzi per **trasformare la programmazione convenzionale forzando una pluralità di processori a cooperare nell'esecuzione di un singolo compito**, con finanziamenti da parte di Intel e Microsoft [...] Gruppi accademici di punta si concentreranno sullo **sviluppo di una metodologia efficace per la programmazione dei processori *multicore*** [...] Il lavoro sul software del centro UC si concentra su due differenti livelli [...] Il livello di produttività userà **delle astrazioni per nascondere il grosso delle difficoltà inerenti alla programmazione parallela**, mentre il livello di efficienza consentirà agli esperti di **ottenere i dettagli necessari per massimizzare le prestazioni**.

Conclusioni

Il Premio Turing a Frances E. Allen ha una doppia valenza:

1. un premio alla carriera in un settore *di nicchia*, ma *strategico*, come quello del calcolo ad alte prestazioni;

2. un riconoscimento della rilevanza di sue *idee datate*, per affrontare una grande sfida come quella del *multicore computing*.

In relazione all'ultimo punto, l'*approccio integrato* sostenuto da Allen, in cui hardware, software e compilatori vengono co-progettati, appare la via più promettente per rendere fruibile il *multicore computing* a chi sviluppa applicazioni.

Letture ulteriori

[1] ACM. Sito Web dell'ACM. http://www.acm.org

[2] ACM. First Woman to Receive ACM Turing Award, 2007. http://www.acm.org/press-room/news-releases-2007/fran-allen/

[3] F.E. Allen. Program optimization. *Annual Review of Automatic Programming*, 5:239–307, 1966

[4] F.E. Allen. Control flow analysis. *SIGPLAN Notices*, 5(7):1–19, July 1970

[5] F.E. Allen. A basis for program optimization. In *IFIP Congress* (1), pages 385–390, 1971

[6] F.E. Allen, M. Burke, P. Charles, R. Cytron, and J. Ferrante. An overview of the PTRAN analysis system for multiprocessing. *Journal of Parallel and Distributed Computing*, 5(5):617–640, October 1988

[7] F.E. Allen, J.L. Carter, J. Fabri, J. Ferrante, W.H. Harrison, P.G. Loewner, and L.H. Trevillyan. The Experimental Compiling System. *IBM Journal of Research and Development*, 24(6):695–715, November 1980

[8] F.E. Allen and J. Cocke. A catalogue of optimizing transformations. In R. Rustin, editor, *Design and Optimization of Compilers*, pages 1–30. Englewood Clifis, N.J.: Prentice-Hall, 1972

[9] A. Hodges. The Alan Turing Home Page. http://www.turing.org.uk/turing

[10] P. Lasewicz. Frances Allen's Oral History Interview, 2003. http://www-03.ibm.com/ibm/history/witexhibit/pdf/allenhistory.pdf

[11] Wikipedia. Frances E. Allen. http://en.wikipedia.org/wiki/Frances_E._Allen

[12] Wikipedia. Turing Award. http://en.wikipedia.org/wiki/Turing_Award

Perché Albert Fert e Peter Grünberg hanno vinto il Premio Nobel 2007 per la fisica?

di Dino Fiorani

Albert Fert   Peter Grünberg

Motivazione del Premio Nobel

La motivazione dell'assegnazione del Premio Nobel per la fisica nel 2007 a Albert Fert e Peter Grünberg è la scoperta del fenomeno della *Magnetoresistenza Gigante* (GMR: *Giant Magneto-Resistance*). Tale fenomeno associa a una straordinaria rilevanza scientifica nella ricerca fondamentale un enorme impatto tecnologico. Infatti la scoperta del fenomeno della GMR, nel 1988, rappresenta una pietra miliare nello sviluppo della fisica dello stato solido, travalicando i confini del settore del magnetismo, dal quale provengono i due scienziati. La scoperta della GMR ha aperto la strada all'area emergente della *spintronica*, o elettronica di spin, che ha individuato il ruolo importantissimo dello spin dell'elettrone nelle proprietà di trasporto elettronico. Ciò ha determinato lo sviluppo di una nuova generazione di dispositivi elettronici nettamente competitivi rispetto a quelli a semiconduttore, essendo più veloci, con più basso consumo energetico e di dimensioni più piccole. Allo stesso tempo tale scoperta ha rivoluzionato la tecnologia delle informazioni introducendo, nel 1997, una nuova generazione di testine di lettura, le cosiddette *testine GMR*, che hanno permesso il raggiungimento di densità di immagazzinamento dati cento volte maggiori e la miniaturizzazione dei dischi rigidi dei computer. La scoperta della GMR ha quindi determinato una svolta generazionale nello sviluppo della registrazione magnetica, con una presenza pervasiva del disco rigido nell'elettronica di consumo (audio e video registrazione, telecamere, telefoni cellulari, sistemi di navigazione satellitare ...), grazie alla sua flessibilità, al basso costo e all'elevata capacità. La scoperta della GMR ha anche posto le basi per lo sviluppo di diversi tipi di memorie come le MRAM (*Magnetoresistive Random Access Memory*).

Il Nobel alla scoperta della GMR si colloca nell'area della nanoscienza e della nanotecnologia per le sue implicazioni multidisciplinari e perchè la preparazione di materiali con GMR e la fabbricazione di dispositivi magnetoresistivi richiede la manipolazione e l'ingegnerizzazione dei materiali su scala nanometrica. È significativo il fatto che, nonostante il fortissimo impatto tecnologico di tale scoperta, sia stata riconosciuta come prioritaria, nell'assegnazione del Premio Nobel, la rilevanza del fenomeno nell'ambito della ricerca fondamentale. Nel contesto delle ricerche sulla GMR merita senza dubbio di essere menzionato Stuart Parkin, ricercatore dell'IBM, che ha svolto un ruolo determinante nell'introduzione sul mercato delle testine di lettura GMR.

Albert Fert e Peter Grünberg

Albert Fert, francese, nato il 7 marzo 1938, è professore universitario e dirige l'*Unité Mixte de Physique CNRS/Thalès* presso il Domaine de Corbeville, nell'area di Parigi (http://www.trt.thalesgroup.com/ump-cnrs-thales/umr137.ht). Egli ha compiuto i suoi studi presso la Scuola Normale Superiore di Parigi e ha conseguito il dottorato nel 1970 all'Università di Paris-Sud, a Orsay.

Peter Grünberg, tedesco, nato il 18 maggio 1939, è professore universitario e lavora presso l'*Institut für Festkörperforschung Forschungszentrum* a Jülich (http://www.kfajuelich.de/iff/). Egli ha preso il dottorato presso l'Università Tecnica di Darmstad nel 1969 e l'Abilitazione presso l'Università di Colonia nel 1984.

Prima del Premio Nobel i due scienziati, che avevano già ottenuto una notorietà internazionale, avevano ricevuto molti riconoscimenti e altri premi, nazionali e internazionali, tra i quali alcuni in comune[1].

Fert e Grünberg sono arrivati allo loro scoperta contemporaneamente e indipendentemente, seguendo due percorsi paralleli che poi sono arrivati a convergenza. Il primo a pubblicare sulla GMR, osservata su multistrati Fe/Cr, è stato il gruppo di Fert nel Novembre del 1988 su *Physical Review Letters* [1].

Il gruppo di Grünberg pubblicò successivamente nel marzo del 1989 su *Physical Review B* [2] sullo stesso tipo di materiali, avendo però sottomesso il lavoro prima del gruppo di Fert, nel maggio 1988. Mentre però il lavoro di Fert fu pubblicato senza revisioni, quello di Grünberg fu risottomesso, dopo revisione, nel dicembre 1988.

L'effetto GMR

La magnetoresistenza consiste nella variazione della resistenza elettrica di un conduttore quando si applica un campo magnetico. La scoperta del fenomeno, denominato magnetoresistenza anisotropa (AMR: *Anisotropic Magnetoresistance*), risale al 1857, a opera di W. Thomson [3]. La magnetoresistenza anisotropa, che ha la sua origine nell'interazione spin-orbita, è mostrata da ferromagneti conduttori allo stato bulk, nei quali la variazione della

---

[1]   1994: *Jean Ricard Grand Prize for Physics of the French Physical Society* (A. Fert); 1994: *International Prize for New Materials of the American Physical Society* (A. Fert, P. Grünberg, S.S.P. Parkin); 1995: *Prize for Magnetism of the International Union of Pure and Applied Physics* (A. Fert , P. Grünberg); 1997: *Hewlett-Packard Europhysics Prize of the European Physical Society* (A. Fert , P. Grünberg, S.S.P. Parkin); 1998: *German Science Prize of the President of the Federal Republic of Germany* (P. Grünberg); 2003: *Medaglia d'Oro del CNRS* (A. Fert); 2004: *Manfred-von-Ardenne Prize of the European Society of Thin Films* (P. Grünberg); 2004: *Member of French Academy of Sciences* (A. Fert).

resistenza elettrica con il campo applicato è diversa a seconda che la direzione della corrente sia parallela o perpendicolare alla direzione della magnetizzazione. Le applicazioni della AMR sono nella sensoristica di campo magnetico e nelle testine di lettura in dischi rigidi. Nel 1991 le testine AMR hanno sostituito quelle induttive e sono state utilizzate fino al 1997, quando sono state sostituite a loro volta da quelle GMR. Le variazioni di resistenza erano solo dell'ordine di qualche punto percentuale e quindi la sensibilità e la risoluzione delle testine era ridotta, inadatta a leggere dischi ad altissima densità, dell'ordine dei Gigabit per pollice quadro (Gbits/in^2). Nella GMR invece l'effetto è molto più elevato (variazione di resistenza del 50% nella pubblicazione di Fert).

I materiali sui quali è stato scoperto l'effetto GMR erano multistrati metallici costituiti da un'alternanza di sottili (poche decine di nm) strati ferromagnetici (FM), per esempio Ferro, separati da strati non magnetici ultrasottili, per esempio Cromo.

A campo magnetico nullo l'accoppiamento tra strati ferromagnetici vicini è antiferromagnetico, cioè le magnetizzazioni degli strati sono antiparallele (AP) tra loro (Fig. 1). Campi magnetici suf-

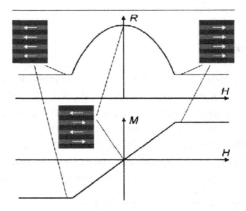

Fig. 1. Descrizione schematica dell'effetto GMR. Le curve rappresentano la resistenza (*R*) e la magnetizzazione (*M*) del multistrato in funzione del campo magnetico. Le frecce nei riquadri indicano la direzione dei momenti magnetici negli strati: antiparalleli in campo zero e paralleli in campi di saturazione positivi e negativi

ficientemente alti, applicati parallelamente al piano del film, portano alla saturazione delle magnetizzazioni e quindi inducono un loro orientamento parallelo (P). Alla variazione dell'orientazione relativa delle magnetizzazioni degli strati, da antiparallela a parallela, corrisponde una forte variazione di resistenza, la quale ha il suo valore massimo per $H = 0$, (orientazione antiparallela) e i suoi valori minimi per i campi di saturazione (H_{sat}) nelle due direzioni. La GMR è di solito misurata come variazione percentuale tra valore minimo e valore massimo, GMR $= \Delta R/R = (R_{AP} - R_P)/R_P$. La natura fisica del fenomeno è nella dipendenza dallo spin dell'elettrone dello *scattering degli elettroni* di conduzione all'interfaccia tra strato magnetico e non magnetico[2]. Tale *scattering*, e quindi il valore della resistenza, dipende dall'interazione dello spin dell'elettrone con la magnetizzazione degli strati, la quale cambia al variare dell'orientazione relativa tra le magnetizzazioni, determinata dal campo magnetico. Gli elettroni subiranno forte *scattering* all'interfaccia con gli strati magnetici che hanno la magnetizzazione antiparallela al loro spin, mentre non subiranno uno *scattering* magnetico all'interfaccia con gli strati con orientazione parallela al loro spin (Fig. 2).

L'osservazione del fenomeno della GMR richiede che lo spessore dello strato non magnetico sia inferiore al cammino libero medio dell'elettrone[3]. Nel caso di orientazione parallela degli strati (configurazione P per $H = H_{sat}$), per l'elettrone di spin $1/2$, con orientazione parallela alle magnetizzazioni degli strati, vi è un cammino che non subisce scattering magnetico nell'attraversamento degli strati, mentre per l'elettrone con spin $-1/2$, con orientazione antiparallela ai momenti degli strati, vi è un forte scattering. Per orientazione antiparallela delle magnetizzazioni degli strati (configurazione AP per $H = 0$), per ambedue le orientazioni di spin dell'elettrone vi è *scattering* nell'attraversa-

---

[2] *Spin dell'elettrone*: momento angolare intrinseco dell'elettrone, legato alla rotazione attorno al suo centro di massa e associato a un momento magnetico.
Scattering degli elettroni di conduzione: deviazione del movimento degli elettroni dalla loro traiettoria dovuta a collisioni con gli atomi del reticolo, le quali portano a un aumento della resistenza elettrica. Nello *scattering* magnetico la deviazione è dovuta all'interazione tra lo spin dell'elettrone e la magnetizzazione degli strati che esso incontra.
[3] Cammino libero medio dell'elettrone: distanza media percorsa dall'elettrone tra due collisioni successive.

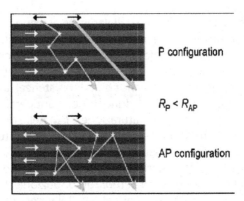

Fig. 2. Descrizione schematica dello *scattering* degli elettroni di conduzione a seconda dell'orientazione del loro spin rispetto ai momenti magnetici degli strati: configurazione parallela dei momenti degli strati (*P*); configurazione antiparallela dei momenti degli strati (*AP*). La resistenza (*R*) è più bassa nella configurazione $P(R_P < R_{AP})$

mento degli strati e pertanto la resistenza è più alta rispetto alla configurazione parallela per $H = H_{sat}$.

Il gruppo di Fert ha osservato su film multistrato epitassiali Fe(001))/Cr(001) bcc, cresciuti mediante epitassia da fasci molecolari (MBE: Molecular Beam Epitaxy), che l'effetto GMR aumenta al diminuire dello spessore dello strato di Cr (Fig. 3), in quanto contemporaneamente aumenta l'accoppiamento AF, come si può vedere dall'andamento delle curve di magnetizzazione (Fig. 4), che al diminuire dello spessore in Cr, da 60 Å a 9 Å, cambia da ferromagnetico ad antiferromagnetico. L'effetto GMR aumenta anche all'aumentare del numero di bistrati Fe/Cr (Fig. 3). Il campo di saturazione al valore minimo della GMR, cioè il campo richiesto per osservare la variazione massima di resistenza, aumenta al diminuire dello spessore di Cr e quindi è tanto più grande quanto maggiore è l'effetto. Il campo di massima GMR, per lo spessore di Cr di 9 Å e con 60 bistrati, è 20 kGauss. Tale campo è troppo alto per la sensoristica di campo magnetico e per l'utilizzo dell'effetto GMR nelle testine di lettura, per le quali è richiesta un'alta sensibilità, cioè una variazione altissima per campi molto deboli. La GMR è stata inizialmente scoperta nella configurazione nella

Perché Albert Fert e Peter Grünberg hanno vinto il Premio Nobel 2007 per la fisica?

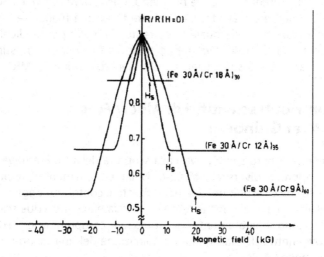

Fig. 3. Curve di magnetoresistenza (resistenza in funzione del campo magnetico) per multistrati Fe/Cr con diverso numero e spessore degli strati [1]

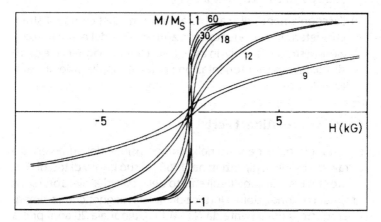

Fig. 4. Curve di magnetizzazione (normalizzata al valore di saturazione, M/M_S) in funzione del campo magnetico (H) in multistrati Fe/Cr. I numeri indicano lo spessore in Å degli strati di Cr [1]

quale la corrente si muove nel piano (CIP: *current-in-plane*). Successivamente è stato trovato un effetto ancora maggiore nella configurazione nella quale la corrente si muove perpendicolarmente al piano (CPP: *current-perpendicular-to-plane*). La prossima generazione di testine di lettura GMR sarà del tipo CPP-GMR.

Contributi scientifici di Albert Fert e Peter Grünberg

Fert e Grünberg sono arrivati alla scoperta della GMR attraverso due approcci diversi che si sono rivelati complementari, al punto tale che ciascuno dei due ha utilizzato il contributo degli studi dell'altro, del quale non avrebbe potuto fare a meno. I due scienziati hanno separatamente contribuito alla comprensione dei due nuovi effetti fisici dall'intima combinazione dei quali si origina il fenomeno GMR:

1) lo *scattering spin* dipendente dagli elettroni negli strati ferromagnetici, che determina la variazione di resistenza elettrica al cambiare dell'orientazione relativa delle magnetizzazioni degli strati da parallela a antiparallela;

2) l'accoppiamento di scambio antiferromagnetico tra gli strati, che determina un'orientazione antiparallela delle magnetizzazioni di strati successivi in assenza di campo magnetico e quindi il passaggio a un'orientazione parallela applicando un campo esterno.

Contributo di Albert Fert

Il contributo di Fert è stato nella comprensione del primo effetto attraverso i suoi studi, iniziati nel 1968 col suo lavoro di tesi di dottorato con I. A. Campbell, sull'effetto dello spin dell'elettrone sulle proprietà di conduzione elettrica di metalli magnetici, inizialmente proposto teoricamente da N.F. Mott. Quindi già 20 anni prima della scoperta del fenomeno Fert aveva iniziato a lavorare nella giusta direzione per arrivare alla scoperta della GMR

Nei suoi studi pioneristici negli anni '70 sulla resistività di leghe ferromagnetiche [4, 5] Fert ha sviluppato i concetti di *correnti spin dipendenti*, *resistività* e *scattering spin dipendente*, che divennero gli ingredienti concettuali dell'effetto GMR. Verso la metà degli anni '80 Fert ha cominciato a lavorare sui multistrati magnetici focalizzando il suo interesse sulle proprietà di trasporto elettronico. Fert realizzò che lo *scattering spin dipendente* avrebbe potuto dar luogo a forti effettivi magnetoresistivi mai osservati in precedenza, purchè si fosse in grado di invertire la magnetizzazione di strati magnetici successivi da parallela ad antiparallela. Mancava però a Fert la particolare struttura magnetica multistrato in grado di esibire l'effetto. Il materiale è stato proposto da Grünberg con la scoperta, nel 1986, dell'accoppiamento di scambio antiferromagnetico nei multistrati magnetici [6]. Fert è stato anche molto attivo nello sviluppo dei modelli teorici per spiegare l'effetto GMR. Con i suoi collaboratori egli ha proposto la prima teoria quantomeccanica della GMR [7] e della CPP-GMR [8]. Inoltre il gruppo di Fert ha fornito un importante contributo nel settore della magnetoresistenza tunnel (TMR: *Tunneling Magneto-Resistance*), dove lo strato non magnetico è isolante, invece che metallico, mettendo in evidenza la dipendenza del segno e dell'ampiezza della TMR dal tipo di materiale isolante [9]. Importante è stato anche il contributo alla comprensione del fenomeno *spin-torque*, cioè l'inversione della magnetizzazione indotta da correnti polarizzate in spin [10].

Contributo di Peter Grünberg

Il contributo di Grünberg è stato sul secondo tipo di effetto attraverso i suoi studi sulle proprietà degli strati magnetici, con l'attenzione rivolta all'accoppiamento di scambio tra due strati ferromagnetici separati da uno strato metallico non magnetico. Tali studi lo portarono a mostrare, nel 1986 [6], utilizzando la tecnica dello *scattering Brillouin*, che due strati di Ferro separati da uno strato di Cromo di opportuno spessore, antiparalleli tra loro, potevano essere allineati in modo parallelo applicando un campo magnetico esterno. Grünberg realizzò immediatamente la portata tecnologica della scoperta della GMR e sottopose un brevetto, prima in Germania (DE 3820475), quindi in Europa (0346817) e successivamente negli Stati Uniti (4.949.939). Il gruppo di Grünberg ha in seguito mostrato, nel 1990, che l'arrangiamento antiparallelo di due strati ferromagnetici, essenziale per l'effetto GMR, può essere realizzato anche usando strati magnetici duri e dolci [11]. Si deve inoltre

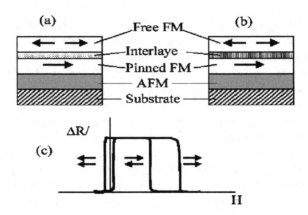

Fig. 5. Struttura della valvola di spin (*a, b*) e variazione di resistenza con il campo magnetico (*c*)

a Grünberg lo sviluppo del primo concetto di struttura tipo *spin-valve* (Fig. 5), che ha consentito l'impiego pratico di materiali con GMR nelle testine di lettura, in quanto consente il raggiungimento di alte variazioni di resistenza per campi magnetici deboli.

La struttura *spin-valve* consiste di due strati FM, separati da uno strato sottile non magnetico, uno dei quali è in contatto con uno strato antiferromagnetico (AFM) ad alta anisotropia: la magnetizzazione dello strato FM (*pinned FM* in Fig. 5) in contatto con quello AFM, per effetto dell'interazione di scambio all'interfaccia con l'A-FM (effetto *exchange bias*) [12] rimane fissa quando si varia il campo magnetico (si orienta nella direzione del campo solo in condizioni di saturazione); la magnetizzazione dell'altro strato FM (free FM) è invece libera di ruotare quando varia l'orientazione del campo magnetico. Un altro importante contributo scientifico del gruppo di Grünberg è stata la scoperta dello scambio biquadratico [13], che può favorire una configurazione perpendicolare delle magnetizzazioni degli strati.

Applicazioni tecnologiche della GMR

L'ingegnerizzazione di una struttura magnetica su scala nanometrica, quale la *spin-valve* ha avuto un ruolo fondamentale nell' impiego tecnologico della GMR in quanto ha permesso di ottenere sensibilità elevatissime per campi molto bassi. Tuttavia l'impiego industriale di tali materiali come sensori magnetici di diverso tipo e in particolare nelle testine di lettura è stato reso possibile solo quando la costosa e lenta tecnica di laboratorio per crescita dei multistrati, l'MBE, utilizzata da Fert e Grünberg, è stata sostituita, grazie a Parkin [14, 15], dalla tecnica dello *sputtering*, rapida, flessibile, di costo nettamente inferiore, molto diffusa nei laboratori di ricerca e anche adatta a una produzione su larga scala. Grazie alle ricerche di Parkin, iniziate nel 1991, l'IBM nel 1997 introdusse sul mercato le testine di lettura GMR, le quali determinarono un cambiamento generazionale nel settore della registrazione magnetica. A partire da quella data la velocità di crescita della densità dei dati nei dischi rigidi passò dal 60% l'anno al 100% l'anno, raggiungendo densità dell'ordine del Gbit/in^2. Senza ricorrere all'MBE, Parkin è riuscito egualmente a realizzare materiali di elevata qualità, con strati sottili magnetici omogenei, con superfici uniformi, e a controllare la struttura delle interfacce. Inoltre Parkin ha disegnato e realizzato le strutture *spin-valve* ottimali per massimizzare l'effetto GMR attraverso un'opportuna scelta dei materiali magnetici e del loro spessore.

Nel 1992 contemporaneamente i gruppi di Berkowitz e collaboratori [16] e Xiao e collaboratori [17] osservarono un effetto GMR anche in film granulari, ottenuti mediante *sputtering*, costituiti da grani metallici ferromagnetici in una matrice metallica non magnetica, nella quale non sono miscibili. In tali materiali lo *scattering spin* dipendente degli elettroni di conduzione, responsabile della GMR, avviene all'interfaccia tra grano ferromagnetico e matrice non magnetica. In analogia con i multistrati, la condizione per l'osservazione della GMR è che sia la dimensione dei grani che la distanza intergrano debbono essere inferiori al cammino libero medio dell'elettrone. Tali materiali hanno suscitato inizialmente molto interesse, data la relativa facilità di fabbricazione, ma non hanno poi trovato applicazione in quanto i valori osservati della GMR sono troppo bassi (qualche punto percentuale) e richiedono l'applicazione di campi magnetici alti, dell'ordine dei kOe.

L'effetto GMR è alla base di una vastissima gamma di sensori magnetici per le applicazioni più svariate, basate sul monitoraggio, estremamente sensibile, di variazioni di flusso magnetico. Come esempi si possono citare: sensori di posizione, movimento, rotazione e vibrazione senza contatto fisico, che possono avere un'ampia gamma di applicazioni, nelle fabbriche e nella vita di tutti i giorni; sensori di misura della corrente continua e alternata; sensori per applicazioni nel settore automobilistico (per il controllo di velocità, sistemi ABS); sensori per allarmi e nei dispositivi di sicurezza in generale; sensori nel settore biomedicale, sensori nel settore HiFi, per esempio nella microfonia (Fig. 6). Nei microfoni il sensore GMR, miniaturizzato, poggia su un sottile diaframma sospeso sopra un magnete. Le onde sonore, che producono una pressione acustica, fanno oscillare il sensore rispetto al magnete e quindi il sensore sperimenta una variazione di campo magnetico che induce una variazione di resistenza, la quale è convertita in una tensione opportunamente amplificata.

La scoperta della GMR ha posto le basi per la scoperta dell'effetto TMR [18, 19] che ha dato luogo a nuove testine di lettura, le quali negli ultimi anni hanno sostituito quelle GMR, grazie alla variazione di resistenza nettamente più elevata, fino a un'ordine di grandezza [20–22], e alle memorie MRAM, costituite da un array di giunzioni tunnel, dove i due stati di alta e bassa resistenza rappresentano gli stati 0 e 1 in una codifica digitale binaria. Tali memorie, miniaturizzate, sono non volatili e combinano alta densità, alta velocità di lettura e scrittura, riducendo i tempi di *start up*, che in un computer a disco rigido sono lunghi, e basso consumo energetico. Le MRAM trovano applicazioni in computer, palmari, lettori MP3 e cellulari.

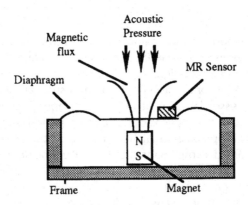

Fig. 6. Principio di funzionamento di un microfono che utilizza un sensore GMR

La scoperta della GMR ha attivato altri sviluppi nel settore della spintronica, quali la scoperta dell'*effetto torque* [23, 24], che fornisce un metodo del tutto nuovo per scrivere le informazioni in una memoria magnetica [25–27].

Letture ulteriori

[1] M.N. Baibich, J.M. Broto, A. Fert, F.N. Van Dau, F. Petroff, P. Eitenne, G. Creuzet, A. Friederich, J. Chazelas (1988) Giant Magnetoresistance of (001)Fe/(001)Cr Magnetic Superlattices, *Physical Review Letters*, 61, pp. 2472–2475

[2] G. Binasch, P. Grünberg, F. Saurenbach, W. Zinn (1989) Enhanced magnetoresistance in layered magnetic structures with antiferromagnetic interlayer exchange, *Physical Review B*, 39, pp. 4828

[3] W. Thomson (1857) On the Electric conductivity of commecial copper and various kinds, *Proceeding of Royal Society A*, A08, pp. 550–555

[4] A. Fert, I.A. Campbell (1968) Two-Current Conduction in Nickel, *Physical Review Letters*, 21, pp. 1190

[5] A. Fert, I.A. Campbell (1976) Electrical resistivity of ferromagnetic nickel and iron based alloys, *Journal of Physics F: Metal Physics*, 6, pp. 849–871

[6] P. Grünberg, R. Schreiber, Y. Pang, M.B. Brodsky, H. Sowers (1986) Layered Magnetic Structures: Evidence for Antiferromagnetic Coupling of Fe Layers across Cr Interlayers, *Physical Review Letters*, 57, pp. 2442–2445

[7] P.M. Levy, S. Zhang, A. Fert (1990) Electrical conductivity of magnetic multilayered structures, *Physical Review Letters*, 65, pp. 1643–1646

[8] T. Valet, A. Fert (1993) Theory of the perpendicular magnetoresistance in magnetic multilayers, *Physical Review B*, 48, pp. 7099–7113

[9] J.M. De Teresa A. Barthélémy, A. Fert, J.P. Contour, F. Montaigne, P. Seneor (1999) Role of Metal-Oxide Interface in Determining the Spin Polarization of Magnetic Tunnel Junctions, *Science*, 286, pp. 507–509

[10] J. Grollier, V. Cros, A. Hamzic, J.M. George, H. Jaffres, A. Fert, G. Faini, J.B. Youssef, H. Legall (2001) Spin-polarized current induced switching in Co/Cu/Co pillars, *Applied Physics Letters*, 78, pp. 3663–3665

[11] J. Barnas, A. Fuss, R.E. Camley, P. Grünberg, W. Zinn (1990) Novel magnetoresistance effect in layered magnetic structures: Theory and experiment, *Physical Review B*, 42, pp. 8110–8120

[12] W.H. Meiklejohn, C.P. Bean (1957) New Magnetic Anisotropy, *Physical Review*, 105, pp. 904

[13] R. Schafer, A. Hubert, R. Mosler, J.A. Wolf, S. Demokritov, P. Grünberg, M. Rührig (1991) Domain Observations on Fe&bond;Cr&bond;Fe Layered Structures. Evidence for a Biquadratic Coupling Effect, *Physica Status Solidi (a)*, 125, pp. 635–656

[14] S.S. P. Parkin, R. Bhadra, K.P. Roche (1991) Oscillatory magnetic exchange coupling through thin copper layers, *Physical Review Letters*, 66, pp. 2152–2155

[15] S.S. P. Parkin, Z.G. Li, D.J. Smith (1991) Giant magnetoresistance in antiferromagnetic Co/Cu multilayers, *Applied Physics Letters*, 58, pp. 2710–2712

[16] A.E. Berkowitz, J.R. Mitchell, M.J. Carey, A.P. Young, S. Zhang, F.E. Spada, F.T. Parker, A. Hutten, G. Thomas (1992) Giant magnetoresistance in heterogeneous Cu-Co alloys, *Physical Review Letters*, 68, pp. 3745–3748

[17] J.Q. Xiao, J.S. Jiang, C.L. Chien (1992) Giant magnetoresistance in nonmultilayer magnetic systems, *Physical Review Letters*, 68, pp. 3749–3752

[18] J.S. Moodera, L.R. Kinder, T.M. Wong, R. Meservey (1995) Large Magnetoresistance at Room Temperature in Ferromagnetic Thin Film Tunnel Junctions, *Physical Review Letters*, 74, pp. 3273–3276

[19] T.M. a. N. Tezuka (1995) Giant magnetic tunneling effect in Fe/Al$_2$O$_3$/Fe junction, *Journal of Magnetism and Magnetic Materials*, 139, pp. L231–L234

[20] A.F. Shinji Yuasa, Taro Nagahama, Koji Ando, Yoshishige Suzuki (2004) High Tunnel Magnetoresistance at Room Temperature in Fully Epitaxial Fe/MgO/Fe Tunnel Junctions due to Coherent Spin-Polarized Tunneling, *Japanes Journal of Applied Physics*, 43, pp. L588–L590

[21] T.N. Shinji Yuasa, Akio Fukushima, Yoshishige Suzuki, Koji Ando (2004) Giant room-temperature magnetoresistance in single-crystal Fe/MgO/Fe magnetic tunnel junctions, *Nature Materials*, 3, pp. 868–871

[22] C.K. Stuart S.P. Parkin, Alex Panchula, Philip M. Rice, Brian Hughes, Mahesh Samant, See-Hun Yang (2004) Giant tunnelling magnetoresistance at room temperature with MgO (100) tunnel barriers *Nature Materials*, pp. 862–867

[23] L. Berger (1996) Emission of spin waves by a magnetic multilayer traversed by a current, *Physical Review B*, 54, pp. 9353–9358

[24] J.C. Slonczewski (1996) Current-driven excitation of magnetic multilayers, *Journal of Magnetism and Magnetic Materials*, 159, pp. L1–L7

[25] F.J. Albert, J.A. Katine, R.A. Buhrman, D.C. Ralph (2000) Spin-polarized current switching of a Co thin film nanomagnet, *Applied Physics Letters*, 77, pp. 3809–3811

[26] E.B. Mayers, D.C. Ralph, J.A. Katine, R.N. Louie, R.A. Buhrman (1999) Current-Induced Switching of Domains in Magnetic Multilayer Devices *Science*, 285, pp. 867–870

[27] J.A. Katine, F.J. Albert, R.A. Buhrman, E.B. Myers, D.C. Ralph (2000) Current-Driven Magnetization Reversal and Spin-Wave Excitations in Co/Cu/Co Pillars, *Physical Review Letters*, 84, pp. 3149

Perché Mario R. Capecchi, Martin J. Evans e Oliver Smithies hanno vinto il Premio Nobel 2007 per la fisiologia e la medicina?

di Massimo Pasqualetti e Giulia Pacini

Mario R. Capecchi   Martin J. Evans   Oliver Smithies

Rispetto alla matematica o alla fisica, la biologia e la medicina sono scienze empiriche e, poiché non esistono teorie universali che guidano il successo e la progettazione degli esperimenti, nelle scienze biomediche il progresso e le nuove scoperte sono strettamente correlati e dipendenti dall'innovazione tecnologica. La tecnologia del DNA ricombinante, il sequenziamento del DNA, la reazione a catena della polimerasi (PCR) o la scoperta dei principi per la produzione degli anticorpi monoclonali sono solo alcuni degli esempi di innovazioni tecnologiche che hanno cambiato il modo di fare ricerca biologica negli ultimi 30 anni.

Nel 2007 il Premio Nobel per la Fisiologia e Medicina è stato conferito a Mario R. Capecchi (University of Utah), Martin J. Evans (Britain's Cardiff University) e Oliver Smithies (University of North Carolina, Chapel Hill) per aver scoperto "i principi per introdurre specifiche modificazioni genetiche nei topi mediante l'uso delle cellule staminali embrionali". Il lavoro di questi scienziati ha aperto le porte allo studio della genetica molecolare del topo, in quanto ha permesso ai ricercatori di tutto il mondo di generare topi in cui specifici geni sono eliminati (*knockout*). L'analisi degli animali mutanti ha permesso di fare enormi passi in avanti nello studio della funzione genica. Inoltre, questi topi sono stati spesso utilizzati come modello animale per lo studio e il trattamento di specifiche patologie umane.

Nel nucleo di ogni cellula del nostro organismo è contenuto il manuale di istruzioni per il suo funzionamento. Nonostante tutte le cellule contengano lo stesso manuale, differenti tipi di cellule, come per esempio quelle della cute, del fegato o del cervello, ne utilizzano capitoli diversi per determinare funzioni distinte. Il processo graduale mediante il quale le cellule acquisiscono caratteristiche specifiche viene chiamato *differenziamento* e consiste nella scelta dei capitoli che verranno utilizzati per codificare l'informazione necessaria alla trasformazione morfologica e funzionale in quel determinato tipo cellulare. Questo manuale di istruzioni, quindi, contiene tutte le informazioni che permettono a un'unica cellula uovo fecondata (zigote) di svilupparsi in un individuo adulto, caratterizzato da molteplici tipi cellulari che acquisiscono con lo sviluppo caratteristiche peculiari. Questo manuale, noto come genoma e codificato nel DNA, è costituito da 4 lettere, i nucleotidi, adenina (A), citosina (C), guanina (G) e timina (T), e le sue unità funzionali sono chiamate geni. In questo particolare alfabeto la sequenza di nucleotidi sul DNA fornisce l'informazione genetica, come la successione di lettere di una parola dà a questa il suo significato. Nell'uomo, come nel topo, il genoma contiene approssimativamente tre miliardi di nucleotidi e costituisce quindi un manuale di istruzioni molto complesso per lo sviluppo di un individuo adulto.

La genetica classica si basa sull'analisi delle conseguenze di mutazioni casuali sia spontanee sia indotte con mutageni in organismi modello semplici come i lieviti, i nematodi o il moscerino della frutta: in altre parole dall'alterazione del fenotipo dell'individuo si cerca di risalire alla mutazione che ne è la causa (fenotipo ⇒ genotipo). La nuova idea di genetica molecolare del topo si basa, al contrario, su quella che viene chiamata "genetica inversa" in quanto, rispetto alla genetica classica, la strategia sperimentale è invertita: con la genetica inversa il genoma del topo viene modificato in maniera mirata e successivamente si esaminano gli effetti di quella specifica mutazione (genotipo ⇒ fenotipo). Con la nuova tecnologia sviluppata da Capecchi, Evans e Smithies è possibile infatti modificare *in vivo* e in modo specifico una lettera, una frase o anche molteplici paragrafi del manuale di istruzioni contenuto all'interno di ogni cellula di un topo. L'idea alla base di questa tecnologia è semplice: modificando la sequenza di uno specifico gene è possibile abolirne la funzione e ciò permette di analizzare le conseguenze della sua inattivazione sull'organismo e di valutarne quindi il ruolo durante lo sviluppo o nella normale attività fisiologica. La tecnologia mediante la quale specifiche alterazioni vengono introdotte nella sequenza nucleotidica di un gene prestabilito è definita "modificazione mirata del gene" o *gene targeting*.

Questo approccio sperimentale pone due problematiche:

1. La capacità di poter scegliere il gene che si vuole alterare all'interno del complesso manuale di istruzioni del genoma e la capacità di poterne modificare in maniera prestabilita la sequenza nucleotidica.

Mario Capecchi e Oliver Smithies hanno sviluppato in maniera indipendente un metodo per risolvere questo problema in quanto hanno avuto l'intuizione che si potesse utilizzare la ricombinazione omologa[1] in cellule di mammifero coltivate *in vitro* per introdurre specifiche modificazioni in precise regioni del genoma. Mediante ricombinazione omologa è possibile infatti sostituire specifici segmenti di un cromosoma con un frammento di DNA esogeno costruito appositamente dallo sperimentatore al fine di introdurre modificazioni mirate nel DNA genomico.

---

[1]   La ricombinazione omologa è un processo scoperto inizialmente nelle cellule batteriche da Joshua Ledeberg (Premio Nobel 1958) attraverso cui molecole di DNA con un elevato grado di somiglianza (omologia) nella sequenza nucleotidica scambiano tra loro materiale genetico. Due molecole di DNA si affiancano, vengono entrambe scisse e infine congiunte l'una all'altra in corrispondenza delle estremità in cui è avvenuto il taglio. Il congiungimento è realizzato con una precisione tale che le sequenze nucleotidiche nei punti di unione non sono alterate. Sin dagli anni '70 è noto che eventi di ricombinazione omologa contribuiscono a aumentare la variabilità genetica della popolazione durante la divisione delle cellule germinali mediante lo scambio di materiale genetico tra i cromosomi materni e paterni (*crossing-over*).

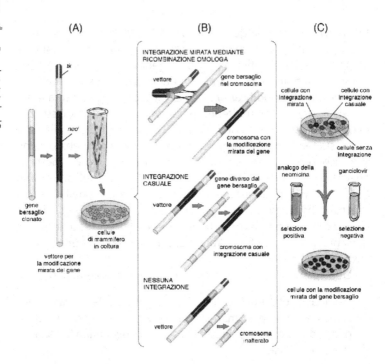

2. La possibilità di inserire la modificazione nel genoma di un animale in modo che questa possa essere trasmessa generazione dopo generazione.

Per risolvere questo secondo aspetto il lavoro di Martin Evans è stato cruciale in quanto è stato capace di isolare le cellule staminali embrionali a partire da un embrione di topo. Queste cellule possono essere coltivate *in vitro* e, se reintrodotte in un embrione ospite, dare origine a tutti i tessuti dell'individuo adulto comprese le cellule della linea germinale (ovociti e spermatozoi) attraverso cui l'informazione genetica è trasmessa alle generazioni successive.

La combinazione di questi due aspetti di per sé innovativi ha permesso di ottenere nel 1989 il primo animale *knockout*, evento che ha cambiato radicalmente il modo di fare ricerca biomedica nelle due decadi successive.

◄ **Fig. 1.** Modificazione mirata di geni nelle cellule di mammifero in coltura. (**A**) Copie di un gene clonato vengono modificate in provetta per ottenere il vettore usato per la modificazione mirata. Si procede con l'introduzione di un elemento *neo*ʳ all'interno del gene che si intende modificare. L'elemento *neo*ʳ servirà come marcatore per indicare che il DNA del vettore si è integrato in un cromosoma delle cellule. A una estremità del vettore viene aggiunto il gene *tk* un secondo marcatore che è suscettibile a un farmaco antivirale come il ganciclovir. Il vettore viene introdotto all'interno delle cellule in coltura. (**B**) In una piccola frazione di cellule, il vettore si inserisce all'interno di un cromosoma divenendo così parte del corredo genetico di quella cellula. Se ha luogo una ricombinazione omologa, il vettore si affianca al gene bersaglio in modo che le regioni identiche (omologhe) dei due geni siano allineate, la copia modificata del gene contenente l'elemento *neo*ʳ si sostituisce a quella normale mentre il gene *tk* viene rimosso. In alternativa, il vettore si può integrare casualmente e in questo caso si ottiene l'inserzione di entrambi i marcatori *neo*ʳ e *tk*. (**C**) Le cellule vengono selezionate in un terreno di coltura contenente due farmaci in grado di far proliferare esclusivamente quelle che recano una modificazione mirata del gene bersaglio: un analogo della neomicina permette la sopravvivenza delle cellule che contengono il gene *neo*ʳ (selezione positiva) ovvero di tutte quelle in cui sia avvenuta l'integrazione del DNA del vettore; il ganciclovir uccide tutte le cellule che, avendo integrato il vettore in maniera casuale, contengono anche il gene *tk* (selezione negativa). La selezione positiva-negativa permette di isolare le cellule in cui è avvenuta la modificazione mirata del gene bersaglio

La ricombinazione omologa

Verso la fine degli anni '70 la sperimentazione su cellule di mammifero coltivate *in vitro* stava progredendo velocemente ed era stato dimostrato che era possibile, seppur con bassa frequenza, introdurre DNA di origine virale nel genoma di queste cellule. Per cercare di incrementare l'efficienza con cui i frammenti di DNA esogeno venivano introdotti all'interno del nucleo di cellule di mammifero coltivate *in vitro*, Mario Capecchi sviluppò un nuovo metodo con cui iniettava il DNA direttamente nel nucleo delle cellule mediante microcapillari di vetro [1]. Il DNA esogeno era incorporato in maniera stabile nel DNA genomico della cellula con buona efficienza e il sito di inserzione era totalmente casuale. Tuttavia, il frammento di DNA esogeno si inseriva sempre in copie multiple e in maniera ordinata a formare concatenameri testa-coda. Capecchi intuì che questo tipo di organizzazione poteva essere il risultato di eventi di ricombinazione omologa che erano totalmente inattesi nelle cellule somatiche in coltura. Questa ipotesi implicava che tutte le cellule di mammifero, non solo le cellule germinali, possedessero la capacità di promuovere la ricombinazione omologa [2]. Da queste osservazioni Capecchi capì che la ricombinazione omologa poteva essere sfruttata per introdurre specifiche mutazioni all'interno del genoma delle cellule di mammifero. Infatti, è possibile ottenere un frammento di DNA, in cui è stata introdotta la mutazione da inserire nel genoma, fiancheggiato da due sequenze con elevata omologia alla regione adiacente al gene bersaglio. Introducendo il frammento così ingegnerizzato nel nucleo di una cellula è possibile indirizzarlo verso il capitolo, la pagina, la riga desiderata per riscrivere a nostro piacimento una porzione del manuale di istruzioni di quella cellula.

Nel 1980, seguendo questa idea, Mario Capecchi chiese un finanziamento federale al *National Institutes of Health* per poter proseguire i suoi studi e verificare la validità della sua ipotesi riguardo la modificazione mirata di geni. I revisori, per quanto il progetto fosse potenzialmente interessante, ritennero così basse le possibilità di successo nel riuscire a modificare in maniera specifica un singolo gene all'interno dell'enorme genoma di una cellula di mammifero da respingere la richiesta. Nonostante il rifiuto Mario Capecchi perseverò e, seguendo la sua intuizione, riuscì a dimostrare che la ricombinazione omologa costituisce uno strumento efficace per manipolare i geni nelle cellule di mammifero [3]. Nel 1984, chiese nuovamente i fondi per proseguire le ricerche, mostrando ampie prove a favore della modificazione mirata dei geni. Stavolta Capecchi non solo ottenne il finanziamento per proseguire le sue ricerche, ma la commissione giudicatrice lo ringraziò di non aver seguito le indicazioni con cui quattro anni prima aveva respinto la prima richiesta di fondi.

Negli stessi anni anche Oliver Smithies, indipendentemente da Capecchi, si stava occupando della possibilità di modificare i geni in maniera mirata e, in particolare, era interessato a sviluppare una metodologia con cui riparare geni mutati delle cellule umane del sangue. Con il suo precedente lavoro aveva dimostrato che le varianti alleliche del gene della globina fetale umana derivano da eventi di ricombinazione omologa e da questa osservazione nacque la sua idea di poter utilizzare la ricombinazione omologa per riparare i geni mutati all'origine di numerose patologie umane [4].

Poiché la ricombinazione omologa è un evento relativamente raro, Smithies mise a punto una metodica per introdurre con elevata efficienza DNA esogeno all'interno di cellule di mammifero in coltura. Tale metodica, ancora oggi ampiamente utilizzata nei laboratori, è definita elettroporazione. Successivamente, Smithies escogitò un sistema per selezionare e analizzare le cellule in cui, in seguito all'introduzione di DNA esogeno, era avvenuto l'evento di ricombinazione omologa, ovvero quelle cellule in cui il manuale di istruzioni era stato modificato nel modo atteso. L'applicazione di queste strategie sperimentali portò nel 1985 alla dimostrazione che, grazie alla ricombinazione omologa, era possibile riparare la mutazione presente sul gene della β-globina di cellule eritroleucemiche derivate da pazienti affetti da leucemia mieloide cronica. Smithies riuscì così a sostituire il gene mutato della β-globina con una sequenza normale dello stesso gene [5].

Poiché gli esperimenti di Capecchi e Smithies erano stati condotti su cellule coltivate *in vitro*, il passo successivo fu chiedersi come queste metodologie potessero essere applicate per modificare, riparare o "spegnere" geni *in vivo*.

L'identificazione delle cellule staminali embrionali

Una *cellula staminale* è una cellula in grado di autoreplicarsi in maniera indefinita, dando origine ad altre cellule staminali, e allo stesso tempo, in risposta a determinati stimoli e nelle opportune condizioni, è in grado di differenziare verso specifici tipi cellulari. Le cellule staminali adulte per tutto il corso della vita sono necessarie per il rinnovamento dei tessuti. Questo particolare tipo di cellule staminali è in grado di dare origine a un limitato numero di tipi cellulari. Per esempio, le cellule staminali ematopoietiche del midollo osseo sono in grado di dare origine alle cellule del sangue oppure dalle cellule staminali della pelle si rinnovano le cellule della cute. Al contrario, le cellule staminali embrionali presenti nell'embrione

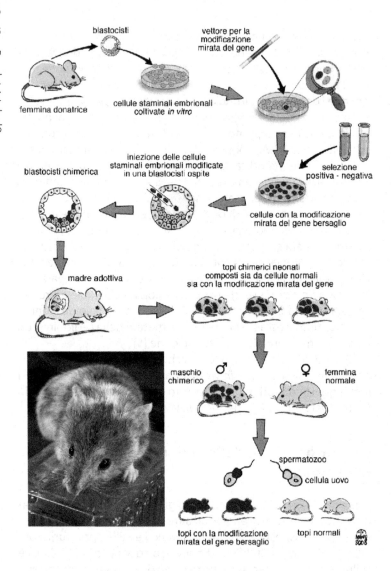

blastocisti

vettore per la modificazione mirata del gene

femmina donatrice

cellule staminali embrionali coltivate *in vitro*

blastocisti chimerica

iniezione delle cellule staminali embrionali modificate in una blastocisti ospite

selezione positiva - negativa

cellule con la modificazione mirata del gene bersaglio

madre adottiva

topi chimerici neonati composti sia da cellule normali sia con la modificazione mirata del gene

maschio chimerico ♂

♀ femmina normale

spermatozoo

cellula uovo

topi con la modificazione mirata del gene bersaglio

topi normali

a stadi precoci dello sviluppo sono totipotenti in quanto sono in grado di differenziare in tutti i tipi cellulari che si ritrovano in un organismo adulto. L'incredibile potenzialità delle cellule embrionali di generare tutti i tipi cellulari presenti in un animale adulto ha affascinato e attratto embriologi e biologi per decenni. A partire dalla metà del secolo scorso, numerosi scienziati tentarono di

◄ **Fig. 2. Strategia per la modificazione mirata dei geni nel topo.** Da una blastocisti prelevata da una femmina di un ceppo di topo con manto chiaro vengono ottenute e coltivate *in vitro* cellule staminali embrionali. Seguendo la strategia descritta in Fig. 1 le cellule staminali embrionali vengono modificate e selezionate per ottenere quelle che presentano la modificazione mirata del gene bersaglio. Le cellule staminali embrionali così modificate vengono introdotte mediante microiniezione in blastocisti ottenute da femmine gestanti donatrici appartenenti a un ceppo con manto scuro. Le cellule iniettate si mescolano con quelle della blastocisti ospite a formare un mosaico. Le blastocisti iniettate vengono poi reimpiantate all'interno dell'utero di madri adottive che porteranno a termine la gestazione. La nascita di animali con manto pezzato, definiti chimere, indica che parte dei loro tessuti è originata dalle cellule staminali embrionali modificate e che, solo in questi, è presente la modificazione mirata a carico del gene bersaglio. A questo punto i maschi chimerici vengono fatti accoppiare con femmine normali e, se le cellule staminali embrionali modificate hanno contribuito alla linea germinale, saranno generati topi in cui il gene bersaglio è modificato in tutte le cellule

isolare progenitori cellulari con queste potenzialità, spinti dal sogno, per l'epoca molto ambizioso, di generare interi organismi a partire da queste cellule.

Verso la fine degli anni '70 Martin Evans stava utilizzando una linea di cellule derivate da un carcinoma embrionale, che potevano essere coltivate *in vitro* indefinitamente pur mantenendo una elevata capacità di differenziare in numerosi tipi cellulari. Evans pensò di saggiare le potenzialità di queste cellule a differenziare impiegandole nella generazione di animali chimerici[2]. Evans, mediante un sottile capillare di vetro, riuscì a introdurre cellule di carcinoma embrionale nella cavità presente in embrioni precoci di topo allo stadio di blastocisti che, successivamente, furono reintrodotti all'interno dell'utero di una madre adottiva per portare a termine la gestazione. Negli animali chimerici così generati le

---

[2] La chimera (dal greco *khimaira*) è un animale mitologico con parti del corpo di animali diversi. Secondo il mito greco la chimera aveva la testa di leone, una testa di capra sulla schiena e la coda di serpente. In biologia con il termine chimera si indica un animale che è formato da cellule originate da due o più embrioni distinti.

cellule di carcinoma embrionale prendevano parte allo sviluppo di molti dei tessuti presenti in un individuo adulto. Tuttavia, questi animali sviluppano precocemente tumori a causa delle aberrazioni cromosomiche presenti nelle cellule di carcinoma embrionale. Inoltre, le cellule di carcinoma embrionale non differenziano mai in cellule della linea germinale (ovociti e spermatozoi). Evans capì che era necessario impiegare una strategia alternativa e, nel tentativo di risolvere questo problema, nel 1980 utilizzò embrioni con un numero dimezzato di cromosomi (aploidi) da cui sperava di isolare cellule da mantenere in coltura con una ridotta tumorigenicità e capaci di dare origine alle cellule germinali. L'esperimento fallì, ma Evans osservò che le cellule derivate dalla coltura di alcuni embrioni normali (diploidi) che aveva impiegato come controllo dei suoi esperimenti presentavano caratteristiche molto simili alle cellule di carcinoma embrionale. Questa osservazione, nata quasi per caso da un esperimento non riuscito, è stata cruciale per il successo della modificazione mirata dei geni in quanto Evans riuscì a isolare e coltivare in vitro queste cellule, oggi chiamate cellule staminali embrionali [6]. Negli anni seguenti Evans dimostrò che le cellule staminali embrionali sono totipotenti in quanto, se impiegate per la generazione di chimere, possono contribuire allo sviluppo di tutti i tessuti compresi quelli della linea germinale [7].

La ricombinazione omologa nelle cellule staminali embrionali

Le scoperte di Capecchi e Smithies sulla ricombinazione omologa costituivano un importante passo in avanti per introdurre specifiche modifiche genetiche in cellule di mammifero e studiarne gli effetti in modelli semplici come i sistemi in vitro. Tuttavia, il particolare tipo di cellule inizialmente utilizzato dai due scienziati non poteva essere impiegato per trasmettere le modificazioni dei geni in vivo. Nel 1985 Capecchi e Smithies, in occasione di un convegno scientifico, vennero a conoscenza della scoperta di Martin Evans delle cellule staminali embrionali di topo. A quel punto, fu chiaro che erano a disposizione gli strumenti necessari a introdurre modificazioni mirate di geni in vivo: da una parte i geni potevano essere selettivamente modificati per ricombinazione omologa, dall'altra le cellule embrionali staminali rappresentavano il veicolo idoneo per portarli nelle linee di cellule germinali del topo. Alla fine dello stesso anno sia Capecchi sia Smithies, per imparare a manipolare le cellule staminali embrionali di topo, trascorsero un periodo in laboratorio con Evans e, nel 1987, riuscirono ad applicare la ricombinazione omologa alle cellule staminali embrionali, gettando così le basi per la generazione di topi *knockout* [8, 9].

I principi scoperti da Capecchi, Smithies ed Evans furono accolti con grande entusiasmo dalla comunità scientifica e, nel 1989, furono pubblicati i primi articoli che riportavano la generazione di topi con geni inattivati in laboratorio. Da allora il numero delle linee di topi *knockout*[3] è aumentato in maniera esponenziale e la modificazione mirata dei geni ha visto con gli anni un'evoluzione straordinaria diventando una tecnologia estremamente versatile. Oggi, nel genoma del topo può essere introdotta qualsiasi tipo di mutazione, per esempio il gene eliminato può essere sostituito da un altro gene (si parla in questo caso di topo *knockin*) oppure è possibile indurre mutazioni in specifiche cellule o tessuti sia durante lo sviluppo sia nell'animale adulto (topo *knockout* condizionale).

Il significato della sostituzione mirata dei geni: un nuovo modo di fare ricerca

Come tutte le scoperte che hanno cambiato il modo di fare scienza, la possibilità di modificare geneticamente gli animali ha avuto un impatto maggiore di quanto ci si sarebbe potuto aspettare: la scienza biomedica contemporanea si è trasformata in maniera sostanziale poiché è diventato possibile studiare *in vivo* la funzione dei geni e generare modelli animali per lo studio e il trattamento di numerose patologie umane. A partire dal 1989 sono state prodotte più di 10 000 linee di topi che presentano alterazioni genetiche selezionate e, di queste, circa 500 rappresentano modelli animali di specifiche malattie umane.

Prima dell'avvento della tecnologia messa a punto da Capecchi, Evans e Smithies le conoscenze riguardo al ruolo di geni ne-

---

[3] Una linea di topo *knockout* corrisponde a una colonia di animali generata a partire da una chimera fondatrice. Tutti gli animali di una linea *knockout* portano la stessa modificazione mirata.

gli organismi superiori come i mammiferi derivavano dall'osservazione delle alterazioni causate da mutazioni spontanee in pazienti o animali da laboratorio (ratto e topo), da studi di *linkage* o di associazione o da esperimenti su cellule in coltura. Questi ultimi, sebbene siano stati alla base della medicina sperimentale per molti anni, non permettono tuttavia la comprensione delle funzioni o degli stati patologici che coinvolgono risposte multicellulari integrate, mentre con la tecnologia della modificazione mirata dei geni, è possibile validare sperimentalmente ipotesi riguardanti la funzione di specifici geni nell'intero organismo. Poiché oltre 5000 sindromi umane sono state attribuite a difetti genetici e, tra queste, alcune sono causate da mutazioni a carico di un singolo gene (monogeniche), la modificazione mirata dei geni nel topo offre la straordinaria opportunità di generare modelli animali per malattie umane. La fibrosi cistica, causata nell'uomo da una mutazione a carico del gene *CFTR* che codifica per una proteina coinvolta nel trasporto di ioni attraverso la membrana cellulare, è un esempio di malattia monogenica per cui è stato generato un modello animale. Gli animali in cui il gene *CFTR* è stato inattivato mostrano un alterato trasporto ionico attraverso la membrana riproducendo così molte delle anomalie evidenziate nei pazienti affetti da fibrosi cistica. In generale, l'associazione tra patologie e specifiche mutazioni a carico di singoli geni permette di introdurre il gene con quella stessa mutazione nel genoma di topo così da riprodurre gli eventi che portano dall'errato funzionamento del gene alla manifestazione della malattia, permettendo lo studio dei meccanismi patogenetici a livello sia cellulare sia molecolare. Inoltre, tali modelli animali possono essere impiegati per testare l'efficacia di nuove terapie o trattamenti farmacologici. Oltre alle monogeniche, molte altre patologie hanno cause complesse e scaturiscono dall'alterazione combinata di più geni, nonché da numerosi fattori epigenetici. In ogni caso la possibilità di eliminare la funzione di un gene permette di analizzare il contributo di un singolo fattore genetico nei complessi processi biologici. Per esempio è possibile verificarne il coinvolgimento in una patologia, inattivando il gene (*knockout*) o sostituendolo con una forma mutata nota per essere associata a una malattia (*knockin*). In questo senso solo con l'avvento della modificazione mirata dei geni è stato possibile stabilire in maniera formale la causalità tra gene e malattia. Il valore di questa scoperta sta quindi nel fatto che le sue applicazioni sono di alto valore pratico in quanto la modificazione mirata dei geni ha aperto le porte a una nuova disciplina che viene definita medicina rigenerativa. A oggi questo approccio sperimentale è stato utilizzato dai ricercatori per studiare numerosi geni coinvolti in patologie umane che comprendono le malattie metaboliche, endocrine, cardiovascolari, neurologiche e il cancro.

In parallelo, man mano che aumentavano le conoscenze sulle malattie di origine genetica, cresceva con esse lo sforzo per tentare di curare tali patologie correggendo le mutazioni nel DNA mediante terapia genica. L'applicazione della modificazione mirata dei geni alle cellule umane è una prospettiva molto attraente per poter correggere i geni difettosi nei tessuti dei pazienti. Per far questo sarebbe necessario allestire colture *in vitro* di cellule staminali embrionali umane che sono in grado di differenziare verso tutti i tipi di tessuto adulto, procedura che a oggi presenta limitazioni dovute sia a problemi tecnici sia a ovvie ragioni etiche. Il superamento delle limitazioni di ordine etico, che sino a oggi hanno ostacolato l'impiego delle cellule staminali embrionali umane, permetterà di mettere a punto le procedure sperimentali per applicare le metodiche della modificazione mirata dei geni alla terapia genica nell'uomo. In questo senso alcuni gruppi di ricerca hanno recentemente sviluppato una metodica che permette di poter seguire un approccio alternativo all'uso delle cellule staminali embrionali umane. I ricercatori sono riusciti a individuare un cocktail di fattori capace di "riprogrammare" le cellule adulte prelevate dalla pelle facendo acquisire loro caratteristiche di cellule staminali pluripotenti molto simili a quelle delle staminali embrionali [10]. Le cellule staminali pluripotenti potrebbero essere utilizzate per sperimentare nuove metodologie di terapia genica utilizzando la modificazione mirata dei geni per correggere le mutazioni genetiche. Ciò eliminerebbe i problemi di natura etica, con in più l'enorme vantaggio di risolvere il rischio di rigetto, perché le cellule staminali pluripotenti verrebbero trapiantate nello stesso paziente da cui sono state ottenute.

Con il conferimento del Premio Nobel a Mario R. Capecchi, Martin J. Evans e Oliver Smithies la comunità scientifica ha siglato l'importanza delle loro scoperte per lo studio della genetica molecolare del topo e in molti ritengono che abbiamo iniziato a percorrere il secolo che vedrà l'applicazione di queste metodo-

Perché M.R. Capecchi, M.J. Evans e O. Smithies hanno vinto il Premio Nobel 2007 logie all'uomo portando, oltre ogni aspettativa, all'avvento della medicina rigenerativa.

Letture ulteriori

[1] M.R. Capecchi (1980) High efficiency transformation by direct microinjection of DNA into cultured mammalian cells, *Cell* 22, pp. 479–488

[2] K.R. Folger, E.A. Wong, G. Wahl, M.R. Capecchi (1982) Patterns of integration of DNA microinjected into cultured mammalian cells: evidence for homologous recombination between injected plasmid DNA molecules, *Molecular and Cellular Biology* 2, pp. 1372–1387

[3] K.R. Thomas, K.R. Folger, M.R. Capecchi (1986) High frequency targeting of genes to specific sites in the mammalian genome, *Cell* 44, pp. 419–428

[4] J.L. Slightom, A.E. Blechl, O. Smithies (1980) Human fetal $^g\gamma$- and $^A\gamma$-globin genes: complete nucleotide sequences suggest that DNA can be exchanged between these duplicated genes, *Cell* 21, pp. 627–638

[5] O. Smithies, R.G. Gregg, S.S. Boggs, M.A. Koralewski, R.S. Kucherlapati (1985) Insertion of DNA sequences into the human chromosomal β-globin locus by homologous recombination, *Nature* 317, pp. 230–234

[6] M.J. Evans, M.H. Kaufman (1981) Establishment in culture of pluripotential cells from mouse embryos, *Nature* 292, pp. 154–156

[7] A. Bradley, M.J. Evans, M.H. Kaufman, E. Robertson (1984) Formation of germ-line chimaeras from embryo-derived teratocarcinoma cell lines, *Nature* 309, pp. 255–256

[8] T. Doetschman, R.G. Gregg, N. Maeda, M.L. Hooper, D.W. Melton, S. Thompson, O. Smithies (1987) Targeted correction of a mutant HPRT gene in mouse embryonic stem cells, *Nature* 330, pp. 576–578

[9] K.R. Thomas, M.R. Capecchi (1987) Site-directed mutagenesis by gene targeting in mouse embryo-derived stem cells, *Cell* 51, pp. 503–512

[10] K. Takahashi, K. Tanabe, M. Ohnuki, M. Narita, T. Ichisaka, K. Tomoda, S. Yamanaka (2007) Induction of pluripotent stem cells from adult human fibroblasts by defined factors, *Cell* 131, pp. 861–872

Perché M.R. Capecchi, M.J. Evans e O. Smithies hanno vinto il Premio Nobel 2007

i blu

Storie di cose semplici
V. Marchis

novepernove
Sudoku: segreti e strategie di gioco
D. Munari

Il ronzio delle api
J. Tautz

Perché Nobel?
M. Abate (a cura di)

Alla ricerca della via più breve
P. Gritzmann, R. Brandenberg

Di prossima pubblicazione

Chiamalo X!
Ovvero: cosa fanno i matematici
E. Cristiani

L'astro narrante
La luna nella scienza e nella letteratua italiana
P. Greco

Gli anni della luna
1950-1972 L'epoca d'oro della corsa allo spazio
P. Magionami